溶媒選択と
溶解パラメーター

小川俊夫［著］

共立出版

まえがき

溶液は化学やバイオ関連の研究では企業でも大学でも必ず扱う．特に，高分子関係では有機溶媒を使うことが圧倒的に多い．ところが，溶液論という表現になると，やたらと複雑な式が出てきて，どこまで実用になるのかわからない理論が多い．いい換えれば工学としての溶液関連の書籍はきわめて少ないといえる．

本書はあくまでも実用的な観点に立って，使える溶液論を目標にした内容になることを心掛けた．大学の卒業研究や大学院の研究ではまずモノマーや高分子を溶媒に溶解させてから，何事も始まる．そのときに適当な溶媒を探すのに本書は役立つはずである．また，企業においては，新しい材料や分野を扱うことが一段と多くなる．こうした未知の分野への挑戦では溶媒の選択は一段と重要になってくる．溶媒の選択には無論沸点や融点も重要であるが，対象物が溶けるか溶けないか，また良溶媒であるか，貧溶媒であるかなどを判断することがきわめて重要である．そんなときに本書は役立つものと信ずる．

内容としては高分子溶液を説明する Flory-Huggins の理論と低分子に関する Hildebrand のそれを基本にしている．ただ，前者はカイパラメーターという未知のパラメーターが入っており，実用には難がある．それよりも Hildebrand らが提唱した正則溶液論から派生した溶解パラメーターを使う方が簡単である．溶解パラメーターの考え方は元々低分子化合物で確立されたものであるが，高分子についても現在では Polymer Handbook や，日本の NIMS 物質・材料データベース（Mat Nav）に，多数の値が掲載されており，世界的に実用されている．ただ，それらの値の中でどの数値を採用すべきか，自分で判断しなければならない．そのようなときにも本書は大いに参考になるはずである．

著者は大学院生時代には，篠田耕三先生の著書「溶液と溶解度」（丸善）を参考にするとともに，篠田先生に研究指導を受けた．また，企業勤務時代には Flory 先生の「Polymer Chemistry」（Cornell Univ. Press）（日本語訳「高分子化学」丸善）を参考にして，高分子の溶解分別，また光散乱法や膜浸透圧法による分子量測定等の研究を行った経験をもっている．本書を執筆するに当たっては，上記の書籍を熟読するとともに，溶解パラメーターに関しては特にHildebrand 先生の著書，「The solubility of nonelectrolytes」(Reinhold Pub.) も熟読した．さらに，これらの著書で引用されている原論文を国立国会図書館から取り寄せて，内容ができるだけ原論文に忠実であるように努めた．

本書を執筆するに当たり，共立出版（株）の瀬水勝良氏には適切なアドバイスを頂いた結果本書を出版することができた．ここに深甚なる謝意を表する．

2023 年 8 月

著　者

目　次

第 1 章　溶解現象

第 2 章　溶解パラメーター

第3章　相平衡図による溶解性の理解

1 溶解現象

1.1 溶液の理解

ある化合物 A に他の化合物 B が溶解するということは，普通分子状態であり，会合したような状態ではない．通常混合という言葉は分子がいくつも凝集した状態の粒子同士が混ざることをいう．あるいは一方の粒子だけが凝集していて，一方の粒子は分子状態で分散している状態で，図で示せば図 1.1 (a) の状態である．凝集した粒子同士が混ざることは，自然では起きにくく，何か撹拌のような機械的操作が必要であるし，安定した状態ではなく，長期間放置すれば分離してしまう．化粧品のクリームのようなものでは，親油性の化合物は水に溶けないので凝集していて，それに乳化剤と呼ばれる界面活性剤を少量

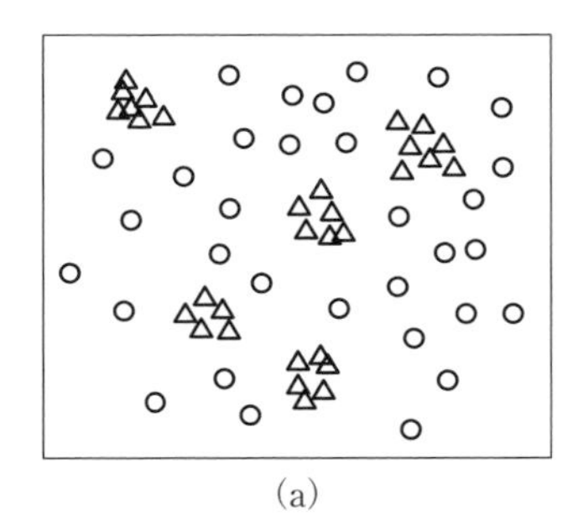

(a)

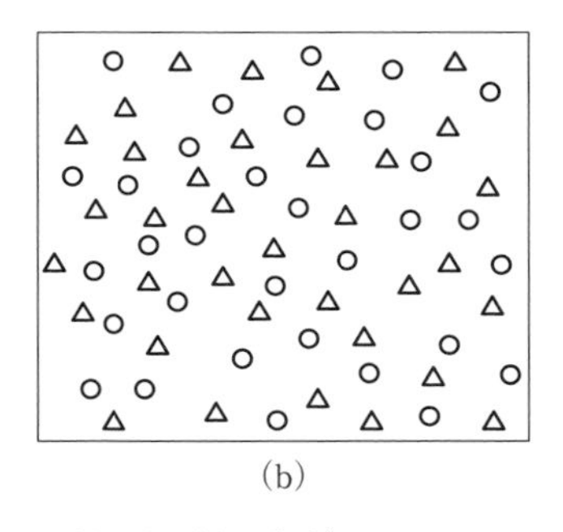

(b)

図 1.1 分子の混合状態（○，△：それぞれ別の分子）

加えて，水の中に機械的に強制力で分散させている状態である．これらはエマルションと呼ばれている．溶解という場合は分子レベルに分散している分子同士が通常は均等に分散していることを意味する．これは，図1.1（b）のようになる．

ただ，親油性化合物も適当な界面活性剤があると，エマルションではなく可溶化という現象が起こって，実際は図1.1（a）の状態であるが，溶解していると見なせることがある．可溶化とエマルションはどこが違うかというと，可溶化状態では熱力学的に安定で，原則永久に溶解状態であること，一方エマルションは存在時間が有限で，いつかは分離してしまう運命にある状態である．それではエマルションと可溶化状態をどうやって区別するかというと，通常可溶化状態は液が透明であるが，エマルションは白濁していることである．これは可溶化状態では凝集している親油化合物の粒子のサイズが，可視光線よりも小さいが，エマルションではかなり大きいため可視光線を粒子が反射させるためである．可溶化状態では凝集粒子サイズは400 nmよりかなり小さいが，エマルションではかなり大きく1 μm以上の大きさである．可溶化状態では，粒子が小さく，熱力学的に安定であるという仮定があるが，これは現在のところ一般に容認されている．

それはともかく，可溶化状態は溶液ではあるが，分子の凝集した状態であるので，溶解を熱力学的に考えるときには通常このような溶解の状態は想定してない．可溶化状態は二成分系ではまず存在せず，第三者の界面活性剤が存在しないと，成立しない系であるから，一般の溶液とは見なさないことにする．高分子が溶媒に溶けているときも単分子であれば粒子径が400 nm以上になるほど大きくはないので，透明である．図1.1において○と△がそれぞれ単独で存在している所から，図1.1（b）に至るためにはどういう条件が必要であろうか．それには，○-○や△-△の分子間力より○-△の分子間力の方が強ければよい．そのような状態ができるにはどのような条件が満たされればよいかを考えればよい．

熱力学を使うと，このことが式（1.1）のように具体的に表現できる．

$$\Delta G = \Delta H - T \cdot \Delta S \tag{1.1}$$

ここに G は自由エネルギー，H はエンタルピー，S はエントロピーと呼ばれる量である．Δ は元の状態，つまり○-○，△-△の状態の値を最終の○-△の状態の値から差し引いた，という意味である．熱力学では通常絶対値は扱わず2つの状態の差だけを扱うので，利用しやすい．ここで，ΔG が負であれば，2つの化合物は分子状に溶解するし，正であれば溶解せず分離してしまう．

溶けるか溶けないかを議論するということは，ΔH と ΔS を如何に具体的な形式に表現できるかということに尽きる．これは低分子であろうと高分子であろうと何ら変わるところがない．ただ，低分子では分子量が高々1000程度であるが，高分子では100万にもなることがあるので，同じにはなかなか扱えないので，別個に扱われている．結局本書では ΔH と ΔS の具体化の問題を扱うことになるが，ΔS の方は過去の研究によりかなり落ち着いていて，一定の形式で表されている．結局，溶解性を議論するときには，ΔH をどういう風に表現し，また値を求めるかということが主な課題になる．たとえば，溶解性を論ずるのに溶解パラメーターという便利な方法があるが，エントロピーの項は相対的に小さな値なので，エンタルピーだけに注目するだけで，溶解性の大まかな見当はつけられるという主張の産物ともいえる．

なお本書では，分子の絡み合いとか，濃度の偏りとか分子量の不均一性とか，コンフォメーションとかいう問題には一切触れない．そのようなことに触れると限りなく複雑になり，また著者の能力を超えるので，あくまでも熱力学的観点からしか溶解現象を扱わない．

1.2 分子間力

溶液の状態で存在する系では成分同士がどんな状態で存在するかが，きわめて重要である．エントロピー項を考えた場合はすべての分子がランダムに存在すると考えると都合がよいので，通常はそのように考えて理論が組み立てられている．しかし，本当は違うのかも知れないが，その辺は現段階では完全には掌握できていない．

エンタルピー項になると分子が完全にランダムに存在すると仮定すると，あまり都合がよくない．エンタルピー項は分子間に何らかの相互作用，すなわち分子間力が働いていることをベースにしているから，別個の分子が混合された

表1.1 分子間力の効果による物性値の違い

分子	分子量または原子量 [g/mol]	沸点 [℃]	融点 [℃]	蒸発熱 [kJ/mol]
H_2O	18.0	100	0	44
NH_3	17.0	−33.3	−77.7	23.4
N_2	28.0	−195.8	−210.0	5.56
O_2	32.0	−183.3	−218.8	6.8
H_2S	34.1	−60.7	−85.5	18.6
CO_2	44.0	−78.5	−56.6	25.2
Ar	39.9	−185.8	−189.4	6.4

とき，基本的にランダムに混合されているというわけにはいかない．なぜなら，分子が異なれば，必ず分子間力が異なるからである．この辺が理論の組み立てにおいて，どこかで妥協することが望まれる．しかし，Hildebrand の理論[1)]も Flory-Huggins[2,3)] のそれも，エントロピーについてはランダムな混合と考えるが，エンタルピーについてはランダムな混合ではない中で理論構築されている．また，エンタルピーはモル分率ではなくて体積分率に近い形で組み立てられている．

それはさておき，分子間力が異なればどの程度実際の性質に影響してくるであろうか．表1.1はいくつかの低分子化合物の物性を表したものである．

分子量はそれほど異ならなくとも沸点は大きく異なる．特に水分子は異常である．沸点とは液体が気体になる温度である．液体から気体に変化するときは分子間力が働いている状態からそれがなくなる状態に変わる点であるから，まさしく分子間力の差が沸点に反映していることになる．蒸発熱も分子間力の反映であり，水分子は非常に大きい．それに比べて Ar，N_2，O_2などは非常に小さい．分子間力のあまり大きくない分子同士であれば，ランダムな混合になるであろうが，水やアンモニアなどと混合すると，あまりに分子間力が違いすぎて，混合されたとしてもランダムな状態になるか疑問である．そのような場合はエントロピー項の表現も違ってくると予想される．このようなことを考えてくると，どのような理論も真の状態を表す式はなかなかできないのではないかと思われる．つまり，どの辺までを容認した状態で理論式が組み立てられているかに注意しておかねばならない．Hildebrand の理論も Flory-Huggins のそれも，結果に表れた式ではあまりそのようなランダム性にはこだわっていな

表 1.2 分子間力の種類

水素結合力 ――→ 強力な分子間力であり，溶解パラメーターの考え方では扱えない

（ファンデルワールス力）
配向力…水素結合に類似
誘起力…非分極分子が分極分子によって分極が発生
分散力…非極性分子間でも引力が発生
→ 溶解パラメーターが関係する分子間力

ファン・デル・ワールス (1837-1923)：オランダ生まれ，独学で勉強，ノーベル賞受賞

い．たとえば Hildebrand の理論から派生した溶解パラメーターの使用に当たって，あまり大きく拡張して水その他の水素結合が強力に働いている系まで拡張するのは，間違いが起きる恐れがある．溶解パラメーターの出発段階では水酸基やアミノ基のような強力な水素結合が起きる官能基をもつ化合物については，適用外であるとしていたが，いつの間にか時代が経るに従って，これらの官能基にも適用されているが，前述の事柄を十分に頭に入れておく必要がある．

分子間力については，気体の状態方程式に関連してファンデルワールスによって提出された考えを基に，いろいろな分類が行われてきた．これをまとめると，表 1.2 に示すことができる．

最も大きな分子間力は水素結合（イオン性を除く）であり．これは水素が非常に小さな原子で周辺に電子が 1 個しか存在しないため，隣接原子に電子が引き付けられて分子全体で電子の偏りが生まれる．その結果他の分子との間に大きな分子間力が生ずる．配向力や誘起力は水素結合と似たような分子内の電子の偏りから発生する力である．また分散力とは，一見分子内には電子の偏りはないが，電子自身は振動しているので，その影響で瞬間的には電子の偏りが生ずる．それによって誘起力のような力が，2 つの分子間に発生するというものである．これらの状態を図で示せば図 1.2 のようになるであろう．

通常は水素結合以外の力をファンデルワールス力と呼ぶが，水素結合もファンデルワールス力と呼ばれることがある．何しろオランダの学者であるファンデルワールスが分子間力を唱えたのは 1873 年（明治 6 年）頃のことであり，

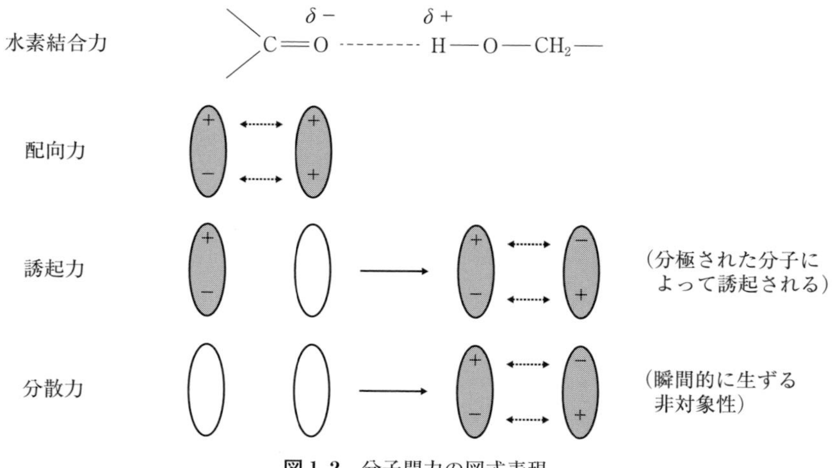

図 1.2　分子間力の図式表現

表 1.3　水素結合力以外の分子間力

相互作用の型	力の原子間距離との関係（引力項,比例）
電荷-双極子	$1/r^3$ または $1/r^5$
電荷-無極性	$1/r^5$
双極子-双極子	$1/r^4$ または $1/r^7$
双極子-無極性	$1/r^7$
無極性分子同士	$1/r^7$（London 分散力）

分子間力の詳細はわかっていなかったので，上記の区別などわからなかったのである．ともかく，水素結合は他の結合とあまりに性質が違い，区別した方が好ましいので，ここでは別個に扱う．

その後分子間力については多くの研究がなされ，百家争鳴の感がある．最近分子間力に関して大著を表したイスラエルのイスラエルアチヴィリ (Israelachviri)[4] の考えに則れば，水素結合以外に表 1.3 のような種類があるといわれている．

同書については日本語訳も出版されているので，興味のある方は参照されることを勧める．表 1.3 のどの状態が適当かは難しいが，ここでは無極性分子同士の関係を考えてみる．そうすると，エネルギー（ポテンシャル）W については 1 つの例として式（1.2）が成立する．そしてそのときの分子間力 F は式

(1.3) となる．なお，分子間力には全体の誘電率も関係しているが，単純化のため除外している．

$$W=-\frac{A}{r^6}+\frac{B}{r^{12}} \tag{1.2}$$

$$F=\frac{dW}{dr}=+\frac{6A}{r^7}-\frac{12B}{r^{13}} \tag{1.3}$$

ここで，右辺第1項は引力項，第2項は斥力項である．斥力項はどんなときにも形式は変わらないとされているが，引力項が相互作用の形式によって変化するとされている．式 (1.2)，式 (1.3) からわかるように斥力項は2つの原子が接近すると急激に大きくなる．引力項は相互作用の種類によってまちまちであるが，表1.3に示されるように，一番緩慢な場合でも $1/r^3$ に比例する．

ところが，水素結合では式 (1.4) および式 (1.5) が成立するとされている．

$$W=-\frac{A'}{r}+\frac{B'}{r^{12}} \tag{1.4}$$

$$F\ =+\frac{A'}{r^2}-\frac{12B'}{r^{13}} \tag{1.5}$$

水素結合と他の相互作用との違いは引力項の影響力の違いである．これをいま具体的に比較してみる．A や B の値は知られていないので，適当な値を代入して，比較しやすい形にしてみた．いま式 (1.3) で $6A=6.75\times10^3$，$12B=$

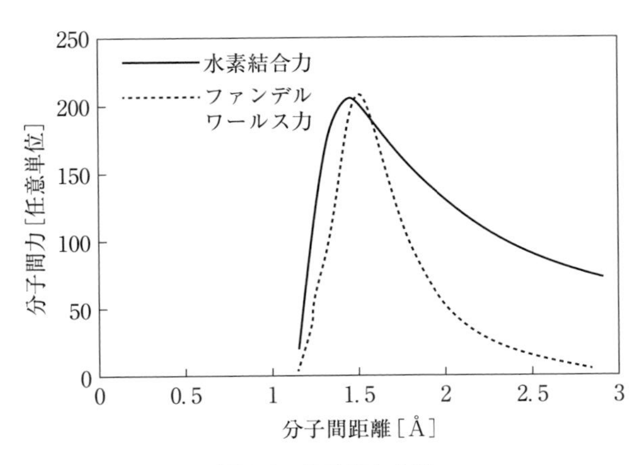

図1.3 分子間力曲線

4.65×10^4，式（1.5）で $A'=5\times10^2$，$12B'=3\times10^3$ と置いて，両者を比較してみると，図1.3のような形になる．

これは，頂点の大きさを両者で同じ程度に行った表現になっている．ここで大事なことは水素結合では非常に長距離まで分子間力が働くことである．無論頂点の分子間力は水素結合の方が他の分子間力より非常に大きいと予想されるが，それらの信頼できる情報はないが，仮に頂点での分子間力が同じでも水素結合の影響は非常な遠距離まで及ぶということがこの図から明らかである．経験的にも水素結合力は他の分子間力に比べて非常に大きい．表1.1に示されるように，水分子は非常に高い沸点を示すことからも，水素結合が分子間力の中でも非常に大きな影響力があることは明白である．

それではどのような官能基が水素結合を起こさせるかである．水素結合以外は原子の振動に大きく関係しているが，水素結合はどちらかといえば静的な力であり，いわゆるクーロン力と呼ばれる力に近いと考えられる．この力は原子間の電子分布の偏りから発生している．水素は陽子が1個しかなく，電子を引き付ける力が弱い．陽子を多量にもっている原子が近づくと，そちらに電子が引き付けられやすい．有機化合物や有機高分子では酸素や窒素原子が隣接すると電子の分布がそちらに引き付けられやすい．この結果水素が正の電荷を帯びやすくなると思われる．最も代表的な水酸基とカルボキシルをもつ場合のことを考えてみると，図1.4のようになる．ここに示す数値は著者[5)]が分子軌道法によって計算したものである．

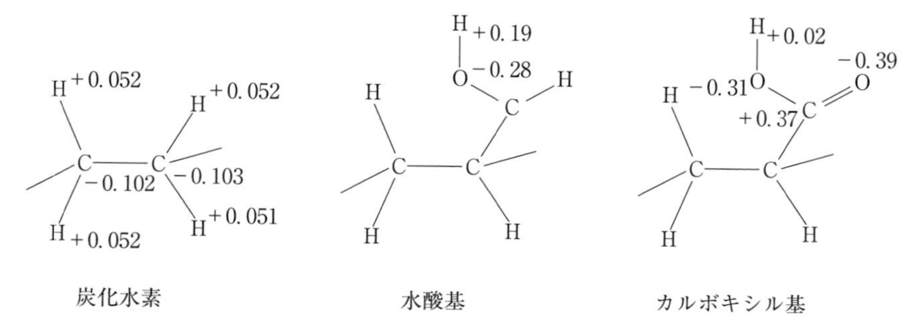

図1.4 分子軌道法で予測された官能基の電荷（1）

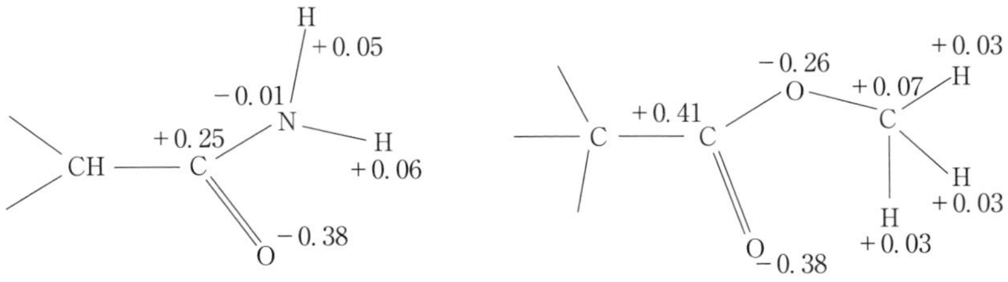

アミド基　　　エステル基

図1.5　分子軌道法で予測された官能基の電荷（2）

水素は最大 +0.4 の電荷をもつ程度に電子の分布が偏ることがわかる．こうしてカルボキシル基や水酸基は強い水素結合を形成して，混合したときの原子や分子の分布状態に影響を与えると考えられる．つまり，強力な水素結合が発生すると，ランダムな混合状態から逸脱して来ることが予想される．水素の周りに特別な原子が来ると，このような電荷の偏りを生じさせてくる可能性が高い．なお，ここで強固な水素結合が分子間で起こるためには，両分子の原子が接近しなければならない．このため，図1.5に示すような主鎖にあるアミド基やエステル基では酸素等の電荷の値は大きいが，これらに他の分子が接近することは側鎖の形で存在する水酸基やカルボキシル基ほど容易でない．このため水素結合の効果はエステル基などではそれほど強い効果を発揮しないはずである．有機化合物や高分子にはこの他にもいろいろな官能基が考えられる．

分子軌道法によって同様な計算を行ってみると，以下のような官能基はカルボキシル基よりも強い水素結合を行うことが期待できるので，それだけ溶液のランダム性は低下して，理想的な混合モデルからずれてくる可能性が高くなる．ここでは

$$-SO_3H > -SO_3H > -SO_2- > -PO_4H > -NO_2 >$$
$$-COOH > -COOR > -OH > >C=O$$

一応極性の序列も含めて示しておいた．このような分子間力の大きさの程度はやはり密度汎関数法というシミュレーションの方法[6,7]によっても明らかになっていて，分子間相互作用の中では静電的な効果，つまり水素結合のような効果が最も大きな影響力をもたらすことは明らかである．

結果として，混合のときのランダム性はくずれてきて，混合のエントロピーは理想的な増加はしないことになる．つまり，ランダム性を仮定したほどには混合のエントロピーは増加しない．ともかく，分子間力というのはいろいろな議論があって複雑である．天体の動きがニュートン力学で定量的に説明できるようなわけにはいかず，全体がすっきりしない．

1.3 熱力学の重要性

どんな分野を扱うにしても，基礎となる学問分野がある．理系の分野ではある程度の数学の知識は必要である．機械工学，電気工学などではかなりの内容は数学的な手法で記述されている．化学や生物学ではそれほどの数学的知識は必要ではなく，むしろ元素記号を使った化学式，図形が用いられる．しかし，定量的なことを述べるには数学的記述法がどうしても必要である．

溶液関連分野は化学と物理の中間の分野といえるので，よく物理化学という言葉で表現されている．これらの分野は化学式だけでは記述が難しく，数学的手法がかなり用いられている．溶液関係は発展の歴史的背景もあって，物理学の一分野である熱力学という基礎分野を背景に発達してきた．熱力学は内燃機関の発達とともに発展してきたので，その名が示すとおり熱に関する学問である．熱の出入りが基本的な課題である．表現法には多くは微分型の数式で表現されている．最近では統計熱力学という表現も多くなったが，熱を扱うことに変わりない．少し統計学が入ってきただけである．数理統計学は19，20世紀に発達した数学の1つの分野であるが，はじめは煩雑過ぎてあまり取り上げられなかった．ところが，最近はコンピュータの発達により頻繁に用いられるようになった．ただ，統計学は膨大な事象を簡単に記述する手法であるから，誤差も大きい．最近よくいわれるAIなどの大部分は統計学を用いた手法の一種であるともいえる．熱力学もこのような背景で説明されるところも多い．

ところで溶液はとどのつまり分子間力と分子運動の問題である．分子間力を正確に記述できる方法あるいはデータがある必要がある．しかし，前述のとおり分子間力は万有引力のようには統一されていない．また，分子運動の現象も整理されていない．このような状態であるから，当分の間は熱力学以外で溶液

表 1.4　本書に関係する主な熱力学関係式
$G=H-TS$，β：圧縮率，C_p：体積一定下での比熱

X	G	H	S
$\left(\frac{\partial X}{\partial T}\right)_P$	$-S=\frac{G-H}{T}$	C_P （体積一定下の比熱）	$\frac{C_P}{T}$
$\left(\frac{\partial X}{\partial P}\right)_T$	V	$V-T\left(\frac{\partial V}{\partial T}\right)_P$	$-\left(\frac{\partial V}{\partial T}\right)_P$
$\left(\frac{\partial X}{\partial V}\right)_T$	$\frac{V}{\left(\frac{\partial V}{\partial P}\right)_T}=-\frac{1}{\beta}$	$T\left(\frac{\partial P}{\partial T}\right)_V+\frac{V}{\left(\frac{\partial V}{\partial P}\right)_T}$	$\left(\frac{\partial P}{\partial T}\right)_V$
$\left(\frac{\partial X}{\partial V}\right)_P$	$-\frac{S}{\left(\frac{\partial V}{\partial T}\right)_P}$	$\frac{C_p}{\left(\frac{\partial V}{\partial T}\right)_P}$	$\frac{C_p}{T\left(\frac{\partial V}{\partial T}\right)_P}$

の状態を予測する手段はないように思える．熱力学は蒸気機関の発明とともに発達し，現代ではほぼ確立されていて，使い勝手がよい．表 1.4 には溶液に関連した基本的な関係式[1)]を示しておく．ここに添え字で P，V，T で示した意味は，それぞれ一定圧力，一定体積，一定温度の状態を意味する．これは，熱力学が気体を扱うことから出発したために，このように注意深く記述されていると思われるが，液体の場合はほとんどの場合圧力も体積も一定状態と考えて問題ないことが多い．

1.4　エントロピー項

1.4.1　低分子同士の系

エントロピーという概念は非常に難しい．いろいろな学者が議論してきた中で，次の式（1.6）が出発点である．これはオーストリアのボルツマンが 1890 年代に提出した式である．

$$S=k\cdot\ln W \tag{1.6}$$

k はボルツマン定数と呼ばれ，1.38×10^{-23} J/K の値をとる．W は実現可能な状態の数である．しかし，これではまだ具体化できていない．溶液の場合は以下のように考える．成分 1 を N_1 モル，成分 2 を N_2 モルあると考える．2 つの成分を合わせた出発点のエントロピーは

$$S_0 = N_1 \cdot k \cdot N_A \cdot \ln N_1 V_{f1} + N_2 \cdot k \cdot N_A \cdot \ln N_2 V_{f2} = N_1 \cdot R \cdot \ln N_1 V_{f1} + N_2 \cdot R \cdot \ln N_2 V_{f2} \quad (1.7)$$

ここで N_A はアボガドロ数（$6.02 \times 10^{23} \mathrm{mol}^{-1}$），$R$ は気体定数（$8.314\,\mathrm{JK}^{-1}\mathrm{mol}^{-1}$）である．

今度は混合したときのエントロピーも同様に考えると，式（1.8）で表される．

$$S_m = N_1 \cdot R \cdot \ln (N_1 V_{f1} + N_2 V_{f2}) + N_2 \cdot R \cdot \ln (N_1 V_{f1} + N_2 V_{f2}) \quad (1.8)$$

式（1.7），（1.8）より

$$\varDelta S = S_m - S_0 = N_1 \cdot R \cdot \ln \frac{N_1 V_{f1} + N_2 V_{f2}}{N_1 V_{f1}} + N_2 \cdot R \cdot \ln \frac{N_1 V_{f1} + N_2 V_{f2}}{N_2 V_{f2}} \quad (1.9)$$

ここに，V_f は自由容積[1,8,9]（free volume）と呼ばれるもので，分子がその格子点を中心に動きうる空間という意味である．図1.6にその様子が示されている．

エントロピーとはボルツマンの式から実現可能な状態数ということであるから，モル数だけの表現では正しくなく，体積の項がなければならない．式（1.9）は混合後から混合前のエントロピーを差し引いた量である．

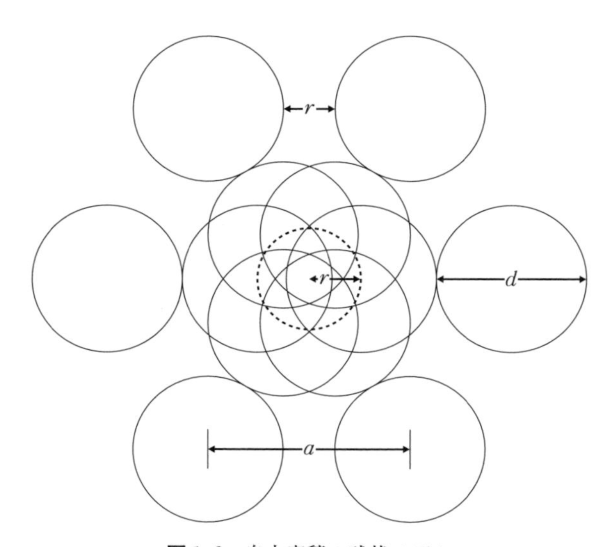

図1.6 自由容積の球状モデル
（硬い球状分子が集まったときの分子の運動を仮定．真中の分子の中心は $\frac{4}{3}\pi r^3$ の空間しか動けない．これを自由容積 V^f という．）

1.4.2　自由容積の概念

自由容積[4-6]は図 1.6 に示されたような空間を意味するから，ブラウン運動で動き得る空間は分子のサイズによって違うことが予想される．この分子が動き得る空間というのは熱力学的に式（1.10）を出発点として式（1.11）のように表現できるという．

$$\left(\frac{\partial S}{\partial V}\right)_T=\left(\frac{\partial P}{\partial T}\right)_V=R\left(\frac{\partial \ln V_f}{\partial V}\right)_T=\frac{R}{V_f}\cdot\left(\frac{\partial V_f}{\partial V}\right)_T \tag{1.10}$$

ここに．V は分子容積（モル体積）である．式（1.10）は最終的に式（1.11）で表現される．

$$V_f=\frac{4}{3}\pi\gamma\cdot\frac{R^3}{V^2}\cdot\frac{1}{\left(\frac{\partial S}{\partial V}\right)_T^3}=\frac{4}{3V^2}\pi\gamma\cdot\left(\frac{R\beta}{\alpha}\right)^3 \tag{1.11}$$

α は熱膨張係数，β は圧縮率である．γ はある分子を取り巻く最近接分子数により決まる定数で，液体の場合 $\gamma=1.3$ としてよいとのことである．したがって，自由容積は実験的に求められる値である．Hildebrand ら[1]が整理した値を図示すれば図 1.7 のようになる．

この図を見ると一部を除いて，自由容積は分子量や分子容積によらず一定の

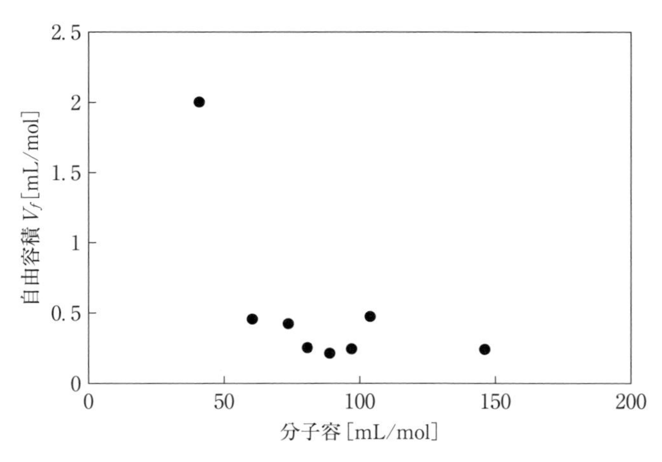

図 1.7　分子容と自由容積の関係

値をとると仮定することができる．つまり，$V_{f1}=V_{f2}$ となるので，式（1.9）は式（1.12）のようになる．

$$\Delta S=R\left(N_1\cdot\ln\frac{N_1+N_2}{N_1}+N_2\cdot\ln\frac{N_1+N_2}{N_2}\right) \tag{1.12}$$

通常これは式（1.13）のように変形して表現されている．

$$\begin{aligned}\Delta S&=-R\left(N_1\cdot\ln\frac{N_1}{N_1+N_2}+N_2\cdot\ln\frac{N_2}{N_1+N_2}\right)\\&=-R(N_1\cdot\ln X_1+N_2\cdot\ln X_2)\end{aligned} \tag{1.13}$$

X はモル分率という意味である．ここでは，成分1の分子も成分2の分子も分子量などによらず，1個当たり同じ空間を占有すると仮定されている．このような考え方は主に Hildebrand らが提唱したもので，多くの低分子同士の系ではこれであまり現実との乖離（かいり）がないとされ，一般的に使用されている．

[計算例] 式（1.13）で低分子同士の混合のエントロピーを求める式はわかったが，具体的なエントロピーの値はどのくらいになるだろうか．ただし，エントロピーとエンタルピーは単位が違うので，自由エネルギーへの寄与を考えるときは，エントロピー項を式（1.1）に従って $-T\cdot\Delta S$ の値で表示する．ここで温度 T は 298.15 K（室温）とする．成分1と成分2を1モルずつ混合したときの値を求める．ただし，$R=8.314\ \mathrm{JK^{-1}mol^{-1}}$（気体定数）である．

$$\begin{aligned}-T\cdot\Delta S&=+298.15\times8.31\times(1\times\ln 0.5+1\times\ln 0.5)=2477.6\times(-1.39)\\&=-3443\ \mathrm{J}=-3.44\ \mathrm{kJ}\end{aligned}$$

たとえば分子量100と300の分子を混合したとすれば，この値は全体で400 g のときの，混合のエントロピーを示す．

前述のように溶解のエントロピーを求めるときに，図1.7から自由容積は分子サイズによらず一定であると見なした．しかし，これには疑問が残る．なぜなら，高分子では後述するようにエントロピーは完全な体積依存型の式になっていることである．低分子のエントロピーは分子数だけに関係し，分子の体積には関係しない表現になっている．また，図1.7が本当に正しいのか？という疑問が残る．式（1.11）において，圧縮率や熱膨張率はあまり分子量によらず一定と見なしてよいのではないか．多くの有機化合物では分子量が変わっても圧縮率や熱膨張率はあまり変化しない．そうすると，式（1.11）によれば自由容積は$1/V^2$に比例する．すなわち，自由容積は分子容積の2乗に逆比例することになり，分子が大きくなるほど自由容積は小さくなるはずである．つまり，分子が大きくなるほど，エントロピーへの寄与は相対的に小さくなるはずである．ただ，式（1.13）がこれまでの間容認されてきているのは，溶解性に占めるエントロピーの寄与があまり大きくないためではないかと考えられる．

具体的に自由容積が1と1/3の成分を1：1（等モル）で混合したときの混合のエントロピーを体積依存型と分子数だけに関係した場合を式（1.9）あるいは式（1.12）に従って計算してみた．前述の計算例に示したとおり，自由エネルギーへの寄与では −3.44 kJ であった．一方分子容積を配慮して式（1.9）に従って計算すると −4.14 kJ であった．その差は −0.7 kJ であり，自由エネルギーへのエンタルピー項の寄与に比べればその差は小さい．

1.4.3　高分子と低分子（溶媒）の系

高分子の溶液を取り扱うに当たって，注意しておかなければならないことがある．それは非晶性の高分子と結晶性の高分子が存在し，しかも両者とも市販されていることである．例を上げれば表1.5，表1.6のとおりである．多くの

表1.5　結晶性高分子の例

低密度ポリエチレン	ポリメチルメタクリレート
高密度ポリエチレン	ポリビニルアルコール
ポリプロピレン	ポリブチレンテレフタレート
ナイロン6（ポリアミド）	ポリアセタール（ポリオキシメチレン）
ナイロン66（ポリアミド）	液晶ポリマー
ポリメチルペンテン	ポリ乳酸

表1.6　非結晶性高分子の例

ポリブテン	ポリ酢酸ビニル
ポリカーボネート	ポリエーテルサルホン
ポリエーテルサルホン	芳香族ポリイミド
ポリメチルメタクリレート	フッ素樹脂
ポリスチレン	ポリ塩化ビニリデン
ポリ塩化ビニル	ポリフェニレンサルファイド

結晶性ポリマーは立体規則性構造をもっているためで，同じ高分子でも規則性がなければ結晶性でなくなる．ナイロンのような場合は立体規則性ではないが，固体になるとき必ず水素結合が強く働くので，結晶性になる．ポリビニルアルコールも同様に結晶性である．溶液になってしまえば結晶性も非結晶性も通常は差がないと考えられている．しかし，溶解性となると，溶液になる過程であるから結晶性と非結晶性では大きな違いが出てくる．

ここではまず，非結晶性高分子と溶媒を想定して話を進める．高分子になると，低分子の溶媒などに比べて1個の分子が低分子1個と同じ空間を占めるというにはあまりにも差があり過ぎる．そこでFlory-Huggins[2,3]はポリマーの体積が低分子の何倍あるかということを考えた．Huggins[3]とFlory[2]が考えた高分子と溶媒の系は図1.8に示されるような状態と考えたので，大まかには重合度倍の体積をもっていると仮定している．高分子1個の体積は溶媒分子のX倍あると仮定する．無論ポリマーのモノマー単位のサイズと溶媒分子のサイズは個々に異なるが，それは取りあえず無視する．つまり，高分子の重合度と高分子の数と溶媒分子の数だけでエントロピーを表現しようとしたのである．セグメントという言葉があるが，定義があいまいであるので，ここでは重合度と同義語と見なして考える．

ところで，FloryとHugginsはまったく同じ年の1942年1月にほぼ同じ概念で高分子の溶液理論が発表（印刷）されている．ただ，Hugginsの論文はJ. Phys. Chem. という論文誌に1941年7月14日に受理され，Floryの論文はJ.

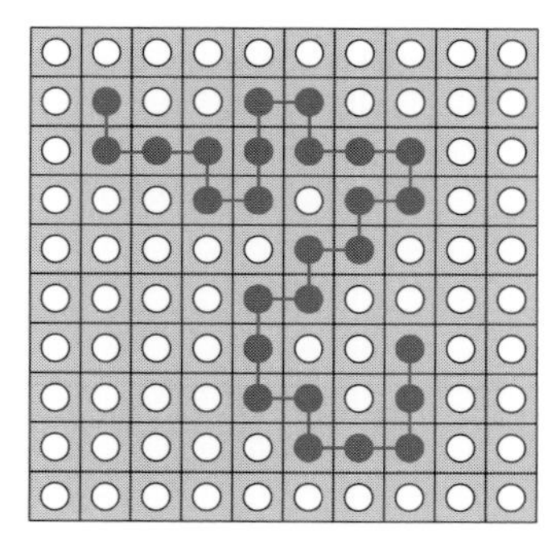

図1.8 Floryの描いた溶媒中の高分子鎖

Chem. Phys.という論文誌に 1941 年 10 月 15 日に受理されていて，Huggins の方が3ヶ月早く受理されている．もし特許の形でアメリカ政府に提出されていたならば，Huggins の論文は受理され，Flory の論文は却下されたであろう．また，Huggins は 1941 年 6 月に開催されたコロイドシンポジウムにおいて，その内容をすでに学会発表しているので，Flory もその時点で内容は知っていたはずである．なぜなら，その学会会場は後年 Flory が所属するコーネル大学であった．少なくとも，格子理論のオリジナリティーは Huggins にあり，Flory はそれを基に同じことを少し詳細に述べたに過ぎない．したがって，Flory-Huggins の式と呼ぶのではなくて，Huggins-Flory の式と呼ぶのが本来の姿である．それで，以後この順番で表示することにする．

ところで，当時 Huggins はイーストマンコダック社の研究所，Flory はエッソスタンダード社の研究所に所属していて，ともに民間企業で働いていたことも興味深い．飛行機の発明・製造に関してもライト兄弟とほぼ同じ時期に別の人が特許出願をしていた話は有名である．ライト兄弟がほんの数日早く特許出願したので，それが認められたという話を聞いている．

話を元に戻したい．添え字 1 は低分子（溶媒），添え字 2 は高分子とする．形式は低分子同士と変わらないので，詳細は省略する．

$$S_0 = N_1 \cdot R \cdot \ln N_1 + N_2 \cdot R \cdot \ln(N_1 + xN_2) \tag{1.14}$$

$$S_m = N_1 \cdot R \cdot \ln(N_1 + xN_2) + N_2 \cdot R \cdot \ln(N_1 + xN_2) \tag{1.15}$$

式 (1.14)，(1.15) より式 (1.13) のように整理すると，式 (1.16) が得られる．

$$\Delta S = -R\left(N_1 \cdot \ln \frac{N_1}{N_1 + xN_2} + N_2 \cdot \ln \frac{xN_2}{N_1 + xN_2}\right) \tag{1.16}$$

x という値を導入すると，溶媒もポリマーも体積だけが違うということになる．ここで，溶媒も高分子も密度は同じものと仮定する．x については重合度といったり，高分子と溶媒の体積比であったり，セグメントというあいまいな量の何倍かという意味に使ったりしている．x は要するに高分子が溶媒の何倍の効果があるかという意味であるので，ここではとりあえず，重合度という意味にしておきたい．もし，問題があるときは何らかの補正を行えばよい．溶媒の体積分率を ϕ_1，ポリマーの体積分率を ϕ_2 とすると，式 (1.16) は式 (1.17) のように書き換えることができる．

$$\Delta S = -R(N_1 \cdot \ln\phi_1 + N_2 \cdot \ln\phi_2) \quad (1.17)$$

式（1.17）は形式的には式（1.13）に類似の形式となる．ただモル分率で表現するのか，体積分率で扱うのかという点が異なる．Flory が描いた図 1.8 のモデルでは高分子はモノマーが連結しているが，ここでの扱いは連結していることを考慮せず，ただ高分子の体積に見合った分だけ，粒子の数を増やしているに過ぎない．式（1.17）のモデルではセグメント同士は連結していないから，本来の高分子よりも自由度が増して，エントロピーは本来の値より過剰になる．自由エネルギーの観点からは現実よりも大きな負の値をもたらすことになる．このため，後になって Flory 自身がエネルギー項として表現したカイパラメーターの中にはエントロピー項が含まれる[10]といってその値まで提出している．しかも，θ 温度付近ではカイパラメーターの値の半分くらいがエントロピー項だと言っている．

本来エンタルピー項であるべきカイパラメーターについては溶解パラメーターのように具体的に記述できる理論式ないし実験式が未だ提出されていない．結局高分子溶液に関して，満足できる熱力学的方程式は未だに提出されていないといってよい．低分子同士の混合のエントロピーでは自由容積という考え方が基本にあった．しかし，高分子では分子の体積は考慮されるが，自由容積という考え方はまったく出てこない．自由容積は分子の動ける空間を意味しているから，確かに分子の大きさには関係しているが，分子の体積とは意味が違う．Hildebrand らが提唱した自由容積は分子の体積よりはるかに小さい．図 1.7 で示した例では，n-ヘプタンの分子容積は 146 mL/mol であるが，自由容積は 0.24 mL/mol である．自由容積の概念で進められてきた混合のエントロピーが，結局のところいつの間にか分子容積に代わってしまっている．もし，自由容積で表現するならば，高分子の体積は $0.24/146 = 1.6 \times 10^{-3}$ 倍，大まかには 1/1000 程の効果にすべきである．しかし，高分子溶液をこれ以上うまく扱う方法を誰も提案していないので，Huggins-Flory の考えが現在も受け入れられている．

[計算例]　高分子が溶媒に溶けている状態を想定する．通常高分子と溶媒が等モル数の高濃度状態で溶解性を論ずることはあまりない．

ここではとりあえず溶媒中には高分子を重量パーセントにして2%溶かしたときを想定する．溶媒の分子量は100，高分子のそれは10^5とする．また，溶媒の重量が490 g，高分子（成分2）の重量は10 gとするので，$X=10^3$，$N_1=4.9$，$N_2=10^{-4}$となる．すべて密度は1.0 g/cm^{3}とする．計算は式（1.17）に従って行う．ただし，自由エネルギーへの寄与をイメージして，$-T\cdot\Delta S$の形で表示する．Tは室温であるから298.15 Kとする．

$$-T\cdot\Delta S=298.15\times8.31\cdot(1\cdot\ln 1+1\times10^{-4}\cdot\ln 0.0204)=-9.4\times10^{-2}\,\mathrm{J}$$

溶解のエントロピーはほとんどゼロに近い値である．これでは低分子の場合とうまく比較できない．

そこで，次に低分子と高分子を同じ重量混合した場合を計算してみる．総量は同じく500 gとする，つまり重量比で50%の溶液を仮定する．

$$-T\Delta S=2477\cdot(2.5\ln 0.5+2.5\times10^{-3}\ln 0.5)=2477\cdot(-1.732-1.732\times10^{-3})$$
$$=-2477\cdot(1.732+1.73\times1.73\times10^{-3})=-4290\,\mathrm{J}=-4.29\,\mathrm{kJ}$$

これであれば低分子の1：1モル混合の場合と同じような値になる．

1.4.4　高分子同士の系

高分子同士の系についてはHuggins-Floryの提唱した体積分率の考え方で整理できるという主張がある．これについては溶解の自由エネルギーの項で詳しく説明する．

1.5　エンタルピー項

1.5.1　低分子同士の系

N_1モルの成分1とN_2モルの成分2がそれぞれ純粋な状態で（混合しないで）別個に存在しているとき，凝集する全エネルギーは式（1.1）で与えられる．E_0は（N_1+N_2）モルのエネルギーを示す．

$$E_0=N_1E_1+N_2E_2 \tag{1.18}$$

成分1と成分2が溶解していて，成分1の分子と成分1同士の凝集エネルギーは以下のとおりになる．まず，成分1の体積はN_1V_1［mL］である．体積当たりの凝集エネルギーはE_1/V_1である．成分1と成分1が接している割合は容積分率，つまり，$N_1V_1/(N_1V_1+N_2V_2)$に等しい．よって，成分1同士の凝集エネルギーは式（1.19）のように表すことができる．

$$\frac{E_1}{V_1}\cdot N_1V_1\cdot\frac{N_1V_1}{(N_1V_1+N_2V_2)}=\frac{E_1N_1^2V_1}{(N_1V_1+N_2V_2)} \tag{1.19}$$

同様に成分2同士の凝集エネルギーは式（1.20）のようになる．

$$\frac{E_2N_2^2V_2}{(N_1V_1+N_2V_2)} \tag{1.20}$$

成分1と成分2が混合すると，両者間に分子間力が働く．成分1と成分2の間の単位体積当たりの凝集エネルギーを式（1.21）で表せると仮定する．ここで，E_{12}は成分1と成分2の間の凝集エネルギーである．

$$\frac{E_{12}}{(\mathrm{V}_1V_2)^{1/2}}\cdot\left(N_1V_1\cdot\frac{N_2V_2}{(N_1V_1+N_2V_2)}+N_2V_2\cdot\frac{N_1V_1}{(N_1V_1+N_2V_2)}\right) \tag{1.21}$$

成分1がN_1モルと成分2がN_2モルが混合されて溶液となったときの全体の凝集エネルギーE_mは式（1.22）で表せることになる．

$$E_m=\text{式}(1.19)+\text{式}(1.20)+\text{式}(1.21) \tag{1.22}$$

この結果，純粋な2成分から溶液が形成されたときの凝集エネルギーと混合前の純粋な2つの成分の凝集エネルギーとの差$\varDelta E$は式（1.23）で表せる．

$$\varDelta E=E_m-E_0 \tag{1.23}$$

これを具体的に整理してみると式（1.24）になる．

$$\varDelta E=\frac{N_1V_1N_2V_2}{(N_1V_1+N_2V_2)}\cdot\left(\frac{E_1}{V_1}-\frac{2E_{12}^2}{(V_1V_2)^{1/2}}+\frac{E_2}{V_2}\right) \tag{1.24}$$

ここで，E_{12}は式（1.25）で表すことになる．相互作用については算術平均の方法もあるが，物理や化学の理論構築の場合，式（1.25）のような幾何平均を使うのが一般的である．

$$E_{12}=(E_1E_2)^{1/2} \tag{1.25}$$

式（1.25）を仮定すれば式（1.24）は式（1.26）で表せる．

$$\varDelta E=\frac{N_1V_1N_2V_2}{N_1V_1+N_2V_2}\cdot\left\{\left(\frac{E_1}{V_1}\right)^{1/2}-\left(\frac{E_2}{V_2}\right)^{1/2}\right\}^2 \tag{1.26}$$

単位体積当たりの凝集エネルギーの平方根を式（1.27）で表現すれば

$$\delta=\left(\frac{E}{V}\right)^{1/2} \tag{1.27}$$

式（1.26）は式（1.28）のようになる．

$$\Delta E=\frac{N_1V_1N_2V_2}{N_1V_1+N_2V_2}\cdot(\delta_1-\delta_2)^2=(N_1V_1+N_2V_2)\cdot\phi_1\cdot\phi_2\cdot(\delta_1-\delta_2)^2 \tag{1.28}$$

ϕ_1, ϕ_2 は高分子のエントロピー項で述べたとおり，それぞれの分子の体積分率である．ΔH と表現すれば体積の因子が入ってくる．しかし，液体同士を混合したときの体積変化は非常に小さく，無視してもよい場合が多い．ここでもそう考えると，式（1.29）で近似できる．

$$\Delta H\approx\Delta E \tag{1.29}$$

式（1.28）から明らかなように，このような条件での議論では溶解のエンタルピーはゼロまたは正の値しか扱わないことを示している．

エントロピーをモル分率，エンタルピーを式（1.28）で表せる系は正則溶液（regular solution）と呼ばれている．もし，溶解のエンタルピーが負であるならば，必ず溶解するので，溶解の議論をする必要がないからである．現実には溶解のエンタルピーが負になる場合も多数存在する．なお，ここで δ は溶解パラメーター[11)]と呼ばれていて，多くの溶媒や高分子について値がわかっているので，実際の系の溶解のエンタルピーを予測することができる．このため，高分子と溶媒や溶媒と有機物の溶解性は前もって予測できるので，実用的にきわめてありがたい存在である．低分子での溶解のエンタルピーの計算例を以下に示す．溶解パラメーターの詳細については項を改めて詳述する．

[計算例]　メチルシクロヘキサンとジメチルフタレートを混合するときの溶解のエンタピーを考える．両者を1モルずつ混合した場合を想定する．

メチルシクロヘキサン　$\delta_1=16.0\ \mathrm{MPa}^{1/2}$，$V_1=98.2/0.77=127.5\ \mathrm{mL/mol}$

ジメチルフタレート　$\delta_2=21.9\mathrm{MPa}^{1/2}$，$V_2=194.2/1.19=163.2\ \mathrm{mL/mol}$

$$\Delta H=\frac{127.5\times163.2}{127.5+163.2}(16.0-21.9)^2=2492\ \mathrm{J}=2.49\ \mathrm{kJ}$$

1モルずつ混合したときの混合のエントロピーはエントロピーの項で示したように -3.44 kJ であるから，$\Delta G=2.49-3.44=-0.95$ kJ となって，両者は溶解する．この場合溶解パラメーターに 5.9 kJ も違いがあるのに，分子容積が小さく，またあまり違いがないので溶解する．

1.5.2 高分子と低分子の系

高分子を扱うに当たって，高分子には熱可塑性の樹脂と熱硬化性の樹脂がある．前者は溶媒に溶解するが，後者は架橋しているので溶解しないので，ここでの議論の対象にはならない．これは熱硬化性樹脂では事実上無限大の網目状になった構造と考えられるからである．熱硬化性の樹脂でも溶媒に対しては膨潤することがあるが，そのときは熱可塑性の樹脂と同じような発想で膨潤現象を考えて差し支えない．さらに，熱可塑性樹脂を分けてみると，結晶性と非結晶性のものがある．結晶性の高分子には融点があり，これが溶解に大きく関係するからである．溶解性の問題を扱うときには，両者を明確に区別する必要がある．前者は後述する溶解パラメーターのような発想でも説明できない．つまり，簡単には溶解しないということである．結晶性の高分子については，その内容に若干の説明が必要である．それでここではまず非晶性の高分子の場合について議論を進めたい．

高分子と溶媒の系では基底状態の凝集エネルギーと混合したときの凝集エネルギーの差というような概念でエンタルピーについて論じられていない．ここに，Huggins[3] や Flory[2] が考えた，エンタルピー項の扱い方[12] を紹介しておく．高分子と溶媒分子の接する状態を図 1.9 のようにイメージした．

すなわち，高分子鎖の周りは溶媒分子で覆われていると仮定した．ただし，現実には，高分子は繋がって鎖になっているので，常に溶媒で覆われるわけで

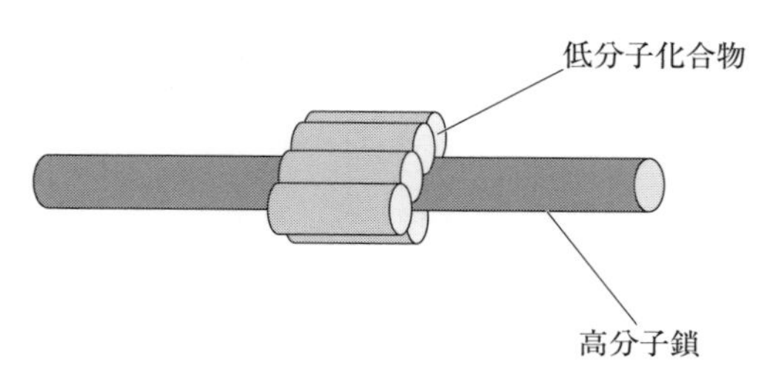

図 1.9 Flory がイメージした低分子化合物と高分子鎖の接近の仕方

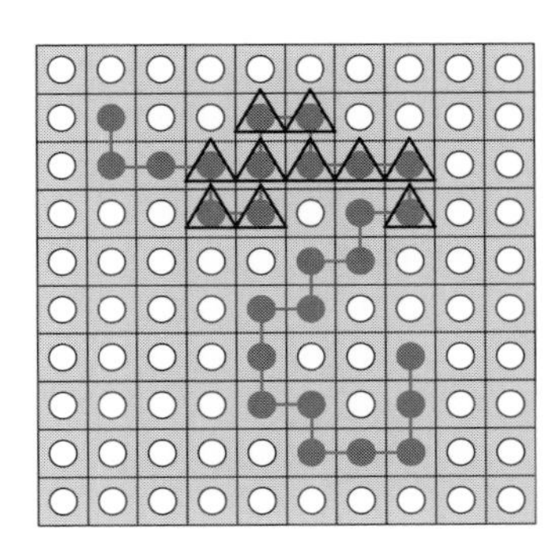

図 1.10　高分子鎖の周りで溶媒分子が理想的な接し方ができない場所

はなく，隣接するポリマー鎖の同士が接近することもあり得るので，イメージどおりになるのは立体的に考えると，図 1.10 のように全体の 60% 程度である．

それはともかくとして，分子量 5×10^5 のポリ-p-クロロスチレンは 30℃ のトルエン溶媒中で半径が 24.6 nm の球体[13] で存在することが，光散乱法で観測されている．体積にして $6.2\times10^4 \mathrm{nm}^3$ である．一方，分子を直鎖状に伸ばしたとき，分子鎖を軸にして自由回転できる状態にしても，その占有体積は高々 64 nm^3 である．高分子の球体の中で，分子鎖が占める割合は $64/6.2\times10^4=0.001$，つまり，分子球体の中で高分子鎖が占める割合は 0.1% に過ぎず，小さな溶媒分子は自由に高分子鎖間を動き回れる状態であることを示している．このため，低分子同士の場合とほぼ同じ状態をイメージしても問題ないはずである．そこで Flory[12] はエンタルピーに関して以下のような式を提出した．

$$\Delta H = z\cdot\Delta E_{12}\cdot N_1\cdot\frac{N_2V_2}{N_1V_1+N_2V_2} = z\cdot\Delta E_{12}\cdot N_1\cdot\phi_2 \qquad (1.30)$$

ここに，z は配位数であり，高分子鎖のまわりに溶媒分子がある数である．この正確な値はわからない．後にこの係数はなくなるので，配位数はわからなくともよい．現実問題式（1.30）では z や E_{12} の具体的な値を求める方法がないので，これ以上発展させようがない．そこでこれを統合して式（1.31）で表現すると，式（1.30）は式（1.32）のように表現できる．なお，この辺の記述に関して Huggins[3] は簡単に済ませているが，Flory[2] はより具体的である．

$$\chi_0=\frac{z\cdot\Delta E_{12}}{RT} \tag{1.31}$$

$$\Delta H=RT\cdot\chi_0\cdot N_1\cdot\phi_2 \tag{1.32}$$

ここに，χ_0は有名なカイパラメーターと称されるものである．後にカイパラメーターの中にはエントロピー項も含まれるという議論[10]があり，いろいろその分割法も提案されている．しかし，これは前述のエントロピーの表現が体積分率で表すことに無理があるために，そのような分割法が考えられたものである．従来の熱力学であれば，$\Delta G=\Delta H-T\cdot\Delta S$のようにエンタルピーとエントロピーはきれいに分割できなければならない．もしカイパラメーターが分割されねばならないなら，エントロピー項が体積分率で表現される部分とカイパラメーターの一部で表現される部分の2つの項で成り立っていることになる．そうなると，体積分率で表現されたエントロピー項（式（1.16）および式(1.17)）というのは，エントロピーの一部だけがそのように表現できるという意味に過ぎない．ともかく，エントロピー項が2つの部分から成り立つことになり，熱力学の歴史上ないことである．

また，式（1.33）で示されるように，カイパラメーターを溶解パラメーターで置き換えたらどうかという提案[14,15]もある．

$$\chi_0=0.34+\frac{V_1}{RT}\cdot(\delta_1-\delta_2)^2 \tag{1.33}$$

これはエントロピー項を0.34として，残りを正則溶液論と同じ表現にしようとするものである．しかし，それではカイパラメーターが正の値しかとり得ないが，現実の実験値では負の値を示すこともある．また，もし，これが正しければ，カイパラメーターというものを取り入れる必要がない．つまり，低分子で扱った溶解パラメーターだけあれば高分子の扱いに何ら問題がないことになる．式（1.33）の議論は一部の合成ゴムについて扱われたものであり，一般化するには問題がある．

1.5.3　高分子同士の系

高分子同士が具体的にどのように接して分子間力が働いているのか現在のところ確かな証拠が何もない．高分子の1つの分子を糸毬状に考えれば

Hildebrand の提唱したエンタルピーの説明でもよさそうであるが，現在のところ，Huggins-Flory の体積分率の考え方で，Scott[16] がその具体的内容を提示している．これについては溶解の自由エネルギーの項で詳述したい．

1.6 自由エネルギーと臨界点

1.6.1 溶解の自由エネルギー

低分子同士の溶解の自由エネルギーは最終的に以下の式（1.34）で与えられる．

$$\Delta G = RT\cdot(N_1\cdot\ln X_1 + N_2\cdot\ln X_2) + (N_1V_1 + N_2V_2)\cdot\phi_1\cdot\phi_2\cdot(\delta_1 - \delta_2)^2 \quad (1.34)$$

高分子と溶媒系および高分子同士における溶解の自由エネルギーは式（1.35）のように表せる．

$$\Delta G = RT(N_1\cdot\ln\phi_1 + N_2\cdot\ln\phi_2 + N_1\cdot\chi_0\cdot\phi_2) \quad (1.35)$$

1.6.2 臨　界　点

溶媒と高分子が完全に溶け合えばよいが，2つの組み合わせによってはある温度以下で溶ける部分と溶けない部分が生ずる．すなわち，溶解度曲線は図1.11のようになって，臨界点が存在することがある．また，図1.12に示すよ

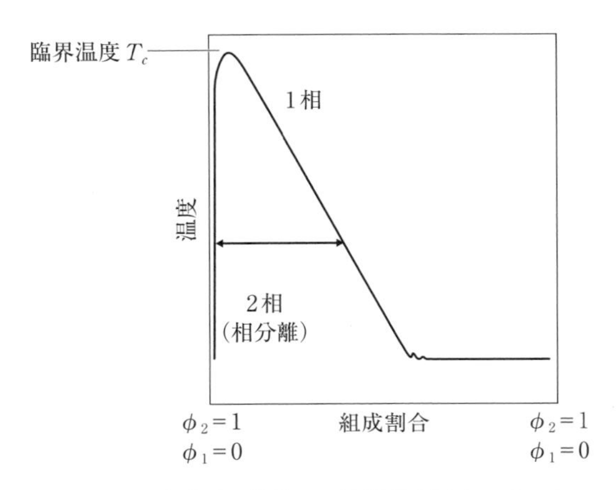

図1.11　高分子の溶媒への溶解度曲線 $\phi_1+\phi_2=1$

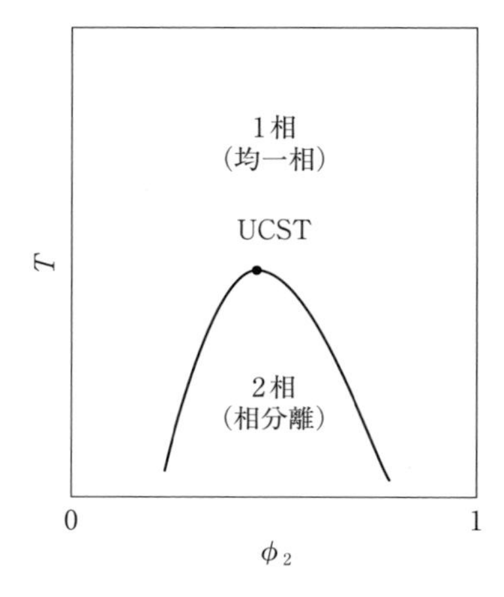

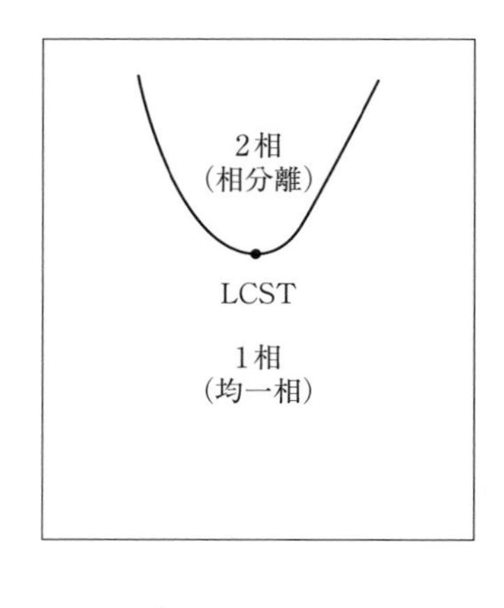

図 1.12　相溶性曲線には2つのタイプが存在することが知られている

うな溶解曲線の頂点には上限臨界温度（UCST）または下限臨界温度（LCST）が存在する．これは低分子同士でもよく見かける現象である．

このような臨界点（頂点）の位置は溶解の自由エネルギーの二次微分および三次微分値がともにゼロとなる条件によって求めることができる．微分は単純に数学的（図形的）処理であり，横軸は体積分率で表現されるので，Φ で微分すればよい．二次微分，三次微分の意味合いは，図 1.13 を参照して頂けるとよい．式で示せば式（1.36），（1.37）で表せる．

$$\left(\frac{\partial^2 G}{\partial \phi_2^2}\right)_{T,P}=0 \tag{1.36}$$

$$\left(\frac{\partial^3 G}{\partial \phi_2^3}\right)_{T,P}=0 \tag{1.37}$$

その結果図 1.13 に示された UCST の臨界点については式（1.38），（1.39）が得られている．

$$\phi_{2c}=\frac{1}{1+x^{1/2}}\approx\frac{1}{x^{1/2}} \tag{1.38}$$

$$\chi_{0c}=\frac{1}{2}+\frac{1}{x^{1/2}} \tag{1.39}$$

これらのことから，分子量5万のポリスチレンでは臨界濃度が4.6%であり，

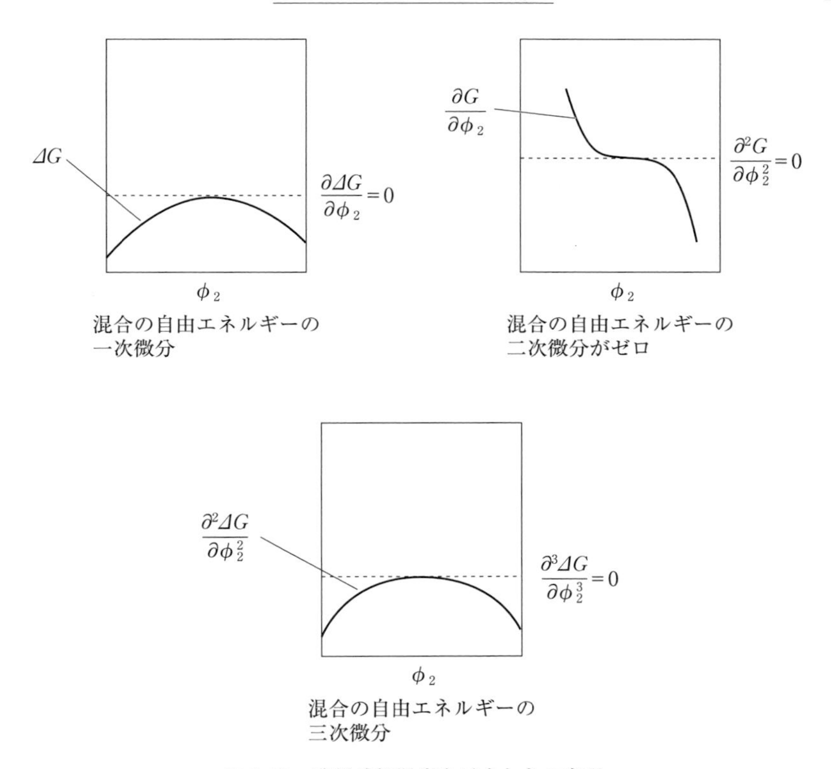

図 1.13 臨界溶解温度を示すときの表現

その点のカイパラメーターの値は約 0.5 であることがわかる．この場合溶媒のサイズはスチレンユニットと同じと仮定している．このように，最も溶解度が低いところが，非常に低濃度側にあるのは，高分子-溶媒系の特徴である．低分子同士であれば，両者がほぼ同じ混合割合あたりが，一番相溶性が悪くなるのが普通である．また，カイパラメーターがほぼ 0.5 より大きければ溶解せず，それ以下であれば系はすべての領域で溶解することがわかっている．その意味でカイパラメーターの値は重要である．ただし，任意の温度のカイパラメーターの値は分子構造などから前もって別の方法で簡単に予測することができないのが欠点である．この点が溶解パラメーターと大きく異なる点である．θ 温度（臨界温度）については 1 つの試料だけの実験では値が得られないが，いくつか分子量の異なる試料で実験すれば予測ができる．これも式 (1.36)，

表 1.7 θ温度の測定例

高分子	溶 媒	θ温度[℃]	方 法
Poly(ethylene)	Dioctyl adipate	145	極限粘度
Poly(isobutene)	Benzene	25.0	第二ビリアル係数
Poly(styrene)	Cyclohexane	34.0	同上
Poly(vinyl chloride)	Benzyl alcohol	155.4	相平衡（溶解度）
〃	Cyclohexanone	22	第二ビリアル係数
Poly(methyl mathacrylate)	Carbon tetrachloride	27	極限粘度
〃	n-Amyl acetate	41	極限粘度

(1.37) から誘導できて，以下の式 (1.40) で表せることがわかっている．ここに T_c は臨界温度（UCST 等の頂点），M は分子量，b は定数，θ は theta (θ) 温度と呼ばれるもので，その系に特有な値である．

いろいろな分子量の試料について臨界温度と $1/M^{1/2}$ に関してプロットすると直線関係が得られる．そこから系特有の θ 温度の値が得られて，溶解性の指標として使われている．ただし，θ 温度も前もって分子構造などからは予測することができないので，誰かがこの数値を前もって求めておけば，きわめて有用な使い方ができる．θ 温度は多くの高分子-溶媒系について求められており，それらの一例を表 1.7 に示しておく．なお，θ温度というのは分子量無限大の高分子の臨界温度という意味である．

$$\frac{1}{T_c}=\frac{1}{\theta}\left(1+\frac{b}{M^{1/2}}\right) \tag{1.40}$$

ところで，カイパラメーター (χ_0) については，一般的に式 (1.41) で表せて，その内容がエンタルピー項とエントロピー項[10] に分けられるとされている．

$$\chi_0=\frac{1}{2}+\kappa_1-\psi_1 \tag{1.41}$$

ここに，κ_1 はエンタルピー項，ψ_1 はエントロピー項である．θ 温度においてはカイパラメーターの値は約 0.5 であるから，エンタルピー項とエントロピー項が等量カイパラメーターに寄与していることになる．たとえば，ポリイソブチレン-ジイソブチルケトンの系では $\psi_1=1.056$ であった．当然 $\kappa_1=1.056$ になる．ただし，式 (1.41) の 1/2 は何を意味するかわからない．このときの θ 温度は 307 K であった．ポリイソブチレンの重合度は 5000 であったので，$\phi_{2c}=0.014$ になる．このときの混合のエントロピー（Flory 式のエントロピー項）は自由エネルギーに換算して約 180 J/mol であるが，カイパラメーターのエントロピー項への寄与は約 40 J/mol と推定される．ただし，式（1.41）の展開には疑問が残る．式（1.41）そのものは，溶解のエンタルピーが小さくなれば，溶解性が良くなり，溶解のエントロピーが増大すれば溶解性は良くなることは常識的にもおかしくない．ところが，この展開にさらに式（1.42）の仮定が入ってきて，上記のϕ_1, κ_1が求められている点である．これはかなり大胆な仮定

$$\frac{\kappa_1}{\phi_1}=\frac{\theta}{T} \tag{1.42}$$

であり，結果がわりときれいに整理できたからといって，そう簡単に納得できる仮定ではない．Huggins[3] もカイパラメーターの内部は大部分エンタルピーの寄与であろうといっているが，上記の結論ではカイパラメーターの内部はむしろエントロピーの寄与の方が大きいような錯覚を与えるからである．さらに付け加えれば，エントロピーについては，格子モデルで与えられたエントロピー項（式（1.17））がすでにあるのだから，カイパラメーター内にも大きなエントロピー項が含まれることは常識的にはあり得ないことである．

高分子同士の溶解については，高分子と溶媒の系と変わりなく，モル分率でなく体積分率でエントロピーが表せるとして，Scott[16] が微分形式で式(1.43)，(1.44) を提出している．

$$\frac{\partial \Delta G}{\partial N_1}=RT\cdot\left[\ln\phi_1+\left(1-\frac{x_1}{x_2}\right)\cdot\phi_2+x_1\cdot\chi_0\cdot\phi_2^2\right] \tag{1.43}$$

$$\frac{\partial \Delta G}{\partial N_2}=RT\cdot\left[\ln\phi_2+\left(1-\frac{x_2}{x_1}\right)\cdot\phi_1+x_2\cdot\chi_0\cdot\phi_1^2\right] \tag{1.44}$$

ここで，ΔGは式（1.45）で表せる．

$$\Delta G=N_1\cdot\frac{\partial \Delta G}{\partial N_1}+N_2\cdot\frac{\partial \Delta G}{\partial N_2} \tag{1.45}$$

なお，混合の自由エネルギーの体積分率に関しての二次微分や三次微分値がゼロになる条件，すなわち，式（1.36），（1.37）から臨界組成やそのときのカ

イパラメーターを下記の式[15]のように得ることができる.

$$(\chi_0)_c=\frac{1}{2}\cdot\left(\frac{1}{x_1^{1/2}}+\frac{1}{x_2^{1/2}}\right)^2 \tag{1.46}$$

$$(\phi_1)_c=\frac{{x_2}^{1/2}}{{x_1}^{1/2}+{x_2}^{1/2}} \tag{1.47}$$

$$(\phi_2)_c=\frac{{x_1}^{1/2}}{x^{1/2}+{x_2}^{1/2}} \tag{1.48}$$

成分1のモル数を N_1,重合度 x_1,成分2のモル数を N_2,重合度 x_2 のポリマーとする.モノマーの体積を $V=V_1=V_2$ とし,2つの成分のモノマーは同じ体積をもつものとする.そうすると,体積分率とこれらの値との関係は式(1.49)になる.

$$\phi_1=\frac{N_1X_1V}{N_1x_1V+N_2x_2\ V}=\frac{N_1X_1}{N_1x_1+N_2x_2} \tag{1.49}$$

式(1.49)を変形すると

$$N_2=\frac{N_1x_1\cdot(1-\phi_1)}{x_2\phi_1}=N_1\cdot\left[\frac{x_1}{x_2}\cdot\frac{(1-\phi_1)}{\phi_1}\right] \tag{1.50}$$

全体の自由エネルギーを表現すれば,式(1.51)となる.

$$\begin{aligned}\Delta G=N_1RT\Biggl[&\ln\phi_1+\left(1-\frac{x_1}{x_2}\right)\cdot\phi_2+x_1\cdot\chi_0\cdot\phi_2^2\\&+\frac{x_1}{x_2}\cdot\frac{1-\phi_1}{\phi_1}\cdot\left\{\ln\phi_2+\left(1-\frac{x_2}{x_1}\right)\cdot\phi_1+x_2\cdot\chi_0\cdot\phi_1^2\right\}\Biggr]\end{aligned} \tag{1.51}$$

混合の自由エネルギーが表現できたので,ここで,$N_1=1$ モルで $x_1=1000$,$x_2=500$ のときの混合の温度は25℃とする.この場合式(1.46)より,$(\chi_0)_c=0.0029$ であり,式(1.47)より $(\phi_1)_c=0.414$ となるはずである.つまり,この状態で,2つの高分子は ϕ_1 が0.4付近で最も溶解性が悪い状態になることを物語っている.高分子と溶媒の系では溶解度が最も悪くなるのは,つまり臨界温度を示す組成は高分子が数パーセント付近であり,極端に希薄系になっていた.ところが高分子同士の混合であれば相互溶解度曲線は組成に関してほぼ中央付近に臨界温度を示す曲線になることを物語っている.この辺の相平衡の状態は低分子同士の状況とよく似ている.実験結果でもそのようになっている．具体的実験例は後の章で示す．また，カイパラメーターは溶解のエンタルピーを示す指標であるから，高分子同士のカイパラメーターはほぼゼロに近いので，溶解のエンタルピーはゼロ以下，つまり負でなければ相溶しないことを物語っている．一方高分子と溶媒であればカイパラメーターが約 0.5 であるから，溶解のエンタルピーは多少正，つまり多少の吸熱性の系であっても相溶してくれることがわかる．

これは，高分子が低分子のように接して，お互いに相手分子の中に潜り込まず，独立に運動していると仮定している．現実には相溶すると 2 つの高分子のガラス転移点が 1 個になる現象が見られる．ただし，NMR の緩和時間に関する情報では，2 つの高分子が繰り返し単位レベルで完全には接近していないという見解[17] もある．このように高分子の球体同士がある程度相手の分子球体に潜り込んでいるのは常識的に理解できるにしても，それがどの程度かは今後の詳しい研究が待たれるところである．多分高分子の分子構造や分子量によっていろいろの場合があるのではないかと想像される．

1.6.3 上限臨界共溶温度と下限臨界共溶温度

高分子と溶媒あるいは高分子と高分子でも，前述のとおり上限臨界共溶温度（UCST）や下限臨界共溶温度（LCST）があることが知られている．UCST とは低温で溶けていないものが高温では溶解する現象で，上限臨界共溶温度とはその頂点の温度をいう．LCST とは低温で溶けていたものが，温度を上昇させると不溶になって来る現象で，下限臨界共溶温度とはその最も低い温度をいう．高分子と溶媒の系では，1 つの系で UCST と LCST の両方が観察されることがある．ポリスチレンとアセトンあるいはジエチルエーテルの系[18] で認められている．これはカイパラメーターが系によってどのように変化するかにかかっている．カイパラメーターはポリマー同士であれば，ゼロ付近で溶解するし，正になれば不溶になる．高分子と溶媒の系であるならば，カイパラメーターが 0.5 を境にして同様な変化をする．UCST や LCST に関してはいろいろな理論が提出されている．しかし，カイパラメーターを他の物理量から予測する方法がないので，その理論は実用的にはあまり意味がない．カイパラメーターは経験的には式（1.52）で表されることが知られている．

$$\chi_0 = \alpha + \frac{\beta}{T} \tag{1.52}$$

ここに，α，β は定数である．α，β の正か負の値をとるかによってUCSTやLCSTは説明できそうである．たとえば，α が負で β が正であれば，UCSTは説明できる．また，α が正で β が負であればLCSTは説明できる．しかし，それらがなぜ正の値をとったり，負の値をとったりするかが予測できない．それよりも，そのような現象がどのような系では起こるのか，分子構造から予測する方がはるかに理解しやすく，有益である．たとえば，UCSTであれば，低温で一方の成分分子同士だけで強い分子間力働けば相溶しないが，温度が上昇して分子間力が弱まれば相溶する．多くの高分子溶液の系はこれで説明できる．表1.6に示した系[19] はみなそのような系であると考えることができる．LCSTであれば，α が負で β が正の値をとると予想される．また，LCSTでは2つの成分が水素結合のような分子間力で結合しやすければ相溶している．しかし，温度が上昇して水素結合が破壊されて，それぞれの分子の個性だけが性質を決める状態になれば相溶しなくなると解釈すれば理解できる．なお，LCSTは実用的な高分子において，しかも1気圧の状態ではほとんど見かけることはないので，あまり注目する必要はない．

前述のように，高分子では式（1.52）の α や β の予測が難しい，低分子でもこの現象がみられるので，その例[19] を図1.14，図1.15に紹介しておく．図1.14はシクロヘキサンとメタノールの系であり低温では溶解しないが，高温では溶解する．これは低温ではメタノールの水素結合の影響が大きくて，両者は分離する．しかし，高温では水素結合の影響が少なくなるとともに，エントロピーの自由エネルギーへの寄与は温度とともに増大するので，両者は溶解する．一方，トリエチルアミンと水の系（図1.15）では低温では両者の間に十分な水素結合が成立して溶解する．ところが，高温になるとトリエチルアミンの水素結合力が弱まって，炭化水素の性質がより強く反映して，水との分離が起こると考えられる．低分子化合物で考えると，UCSTとLCSTの2つの相平衡図は理解しやすい．さらに *m*-トルイジン-グリセリンや水-ニコチンの系ではUCSTとLCSTの2つ臨界温度をもつことが知られている．

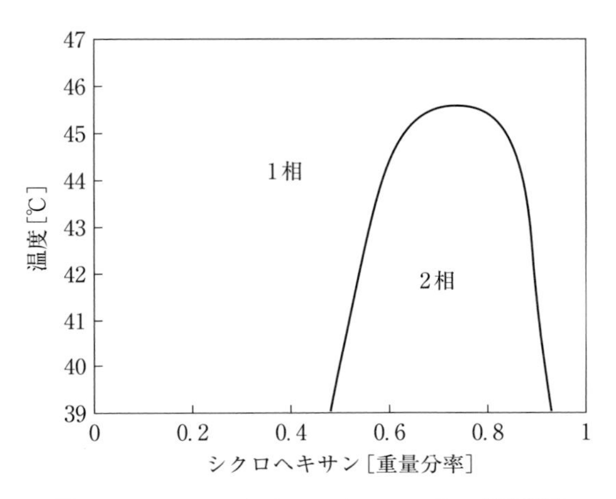

図1.14 シクロヘキサン-メタノール系の相平衡図

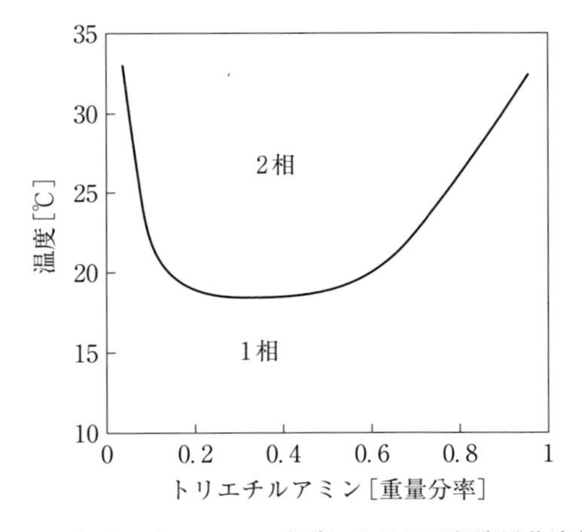

図1.15 トリエチルアミン-水系における下部臨界共溶曲線

1.6.4 結晶性高分子と低分子の系[20]

結晶性高分子では結晶が非結晶な状態つまり融解状態に至るために非常に大きなエネルギーを必要とする．表1.8に例を示すように，高分子のモノマー単位当たり平均で10 kJ 以上の値をもつものが多い．通常溶解のエンタルピーと

表 1.8　結晶性高分子の融解熱の例

高分子	融解熱［kJ/unit mol］
高密度ポリエチレン	8.1
ポリプロピレン	9.6
ポリ（1-ブテン）	7.0
ポリイソブチレン	12.2
ポレセタール	9.8
ポリエチレンテレフタレート	26.5
ナイロン6	26.0
ナイロン66	68.1

か溶解のエントロピーとかは高々5 kJ/unit mol であるから，融解熱は溶解の問題を扱うときに決定的に影響する．また，常識的にも結晶状態（固体）のポリマー鎖の中に溶媒分子が潜り込んでいくことは想像しにくい．したがって，結晶性高分子では融解熱と通常の溶解に伴うエネルギーを同時に考慮していかねばならない．

いまモル当たりの自由エネルギーをμで表現すると，式の上では式（1.53）で表現することにする．そうすれば添え字は従来どおりの意味である．

$$\mu_1=\frac{\partial G}{\partial N_1},\quad \mu_2=\frac{\partial G}{\partial N_2} \tag{1.53}$$

式（1.53）はモル当たりの表現であるが表1.8のような値は通常繰り返し単位のモル当たりの値として示されている．そこで，ここでは式（1.53）をさらに書き換えて式（1.54）の形で表現する．ここから添え字 u は繰り返し単位（unit mol）の値を意味する．

$$\mu_{1u}=\frac{\mu_1}{x},\quad \mu_{2u}=\frac{\mu_2}{x} \tag{1.54}$$

ここにxは前述のとおり重合度であることを再度述べておく．

高分子溶液の状態を添え字l，結晶状態をcで，非結晶状態の高分子だけの状態を0で表現する．模式的に書けば，図1.16のように3個の系を考えると都合がよい．そして，結晶性高分子と高分子溶液（高分子が溶媒に溶けた系）との平衡状態では式（1.55）が成り立つ．

$$\mu_{2u}^{l}-\mu_{2u}^{c}=(\mu_{2u}^{l}-\mu_{2u}^{0})+(\mu_{2u}^{0}-\mu_{2u}^{c})=0 \tag{1.55}$$

ここで，特別な点である融点T_mでは式（1.56）が成り立つ．

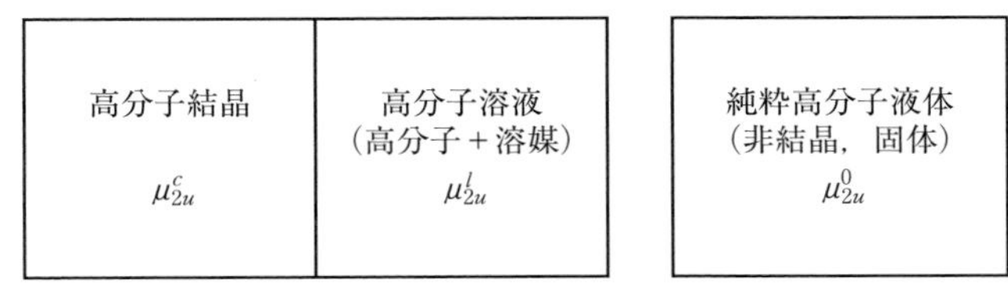

図 1.16　結晶性高分子を扱うときの熱力学量の表示（unit mol，モノマー単位）

$$\mu_{2u}^{0}-\mu_{2u}^{c}=\Delta H_{mu}-T_{mu}\Delta S_{mu}=0 \tag{1.56}$$

ここで，ΔH_{mu} は高分子の単位モル当たりの融解熱である．融点以外の温度では式（1.56）の値はゼロにはならないが，式（1.57）で近似できる．

$$\mu_{2\mathrm{u}}^{0}-\mu_{2u}^{c}=\Delta H_{mu}-T\Delta S_{u}=\Delta H_{mu}\left(1-T\frac{\Delta S_{u}}{\Delta H_{mu}}\right)\approx\Delta H_{mu}\left(1-\frac{T}{T_{mu}}\right) \tag{1.57}$$

また，$\mu_{2u}^{l}-\mu_{2u}^{c}$ については高分子の繰り返し単位の分子容積（V_u）を配慮して，繰り返し単位当たりの値にすれば式（1.58）で表せる．無論式（1.59）で使用される融解のエンタルピーも高分子の繰り返し単位に相当する値である．これらの値は表 1.7 に示されている．

$$\mu_{2u}^{l}-\mu_{2u}^{0}=RT\frac{V_u}{V_1}\left[\frac{\ln\phi_2}{x}-\left(1-\frac{1}{x}\right)(1-\phi_2)+\chi_0(1-\phi_2)^2\right] \tag{1.58}$$

ここに V_1 は溶媒の分子容積，V_u は高分子の繰り返し単位（モノマー単位）のモル当たりの体積である．

式 (1.58) において重合度は大きい値なので，$\dfrac{1}{x}\approx 0$, $\dfrac{\ln\phi_2}{x}\approx 0$ と仮定して，式（1.55)，（1.56)，（1.57）から式（1.59）が導ける．

$$\frac{1}{T}-\frac{1}{T_m}=\frac{R}{\Delta H_{mu}}\frac{V_u}{V_1}[(1-\phi_2)-\chi_0(1-\phi_2)^2] \tag{1.59}$$

$\phi_1+\phi_2=1$ であるから

$$\frac{1}{T}-\frac{1}{T_m}=\frac{R}{\Delta H_{mu}}\frac{V_u}{V_1}[\phi_1(1-\chi_0\phi_1)] \tag{1.60}$$

式（1.60）から，結晶性高分子-溶媒系の融点 T は近似的に溶媒の体積分率 ϕ_1 の増加とともに低下することがわかる．この式の意味するところは結晶性高分子の溶媒内の融点は溶媒量の増加とともに大まかには単調に減少するということである．

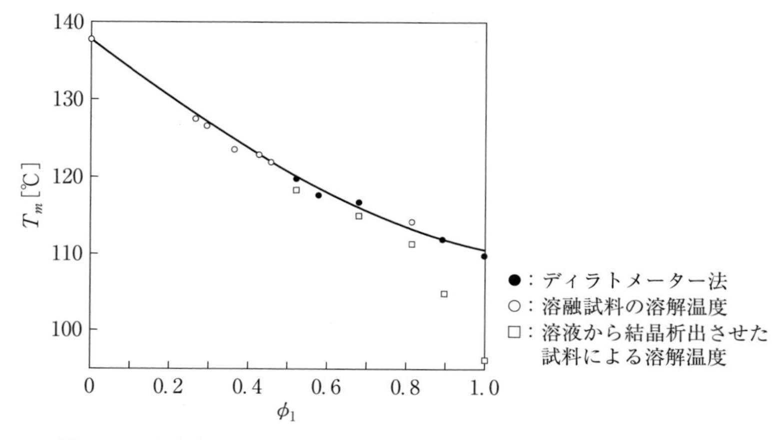

図 1.17 高密度ポリエチレンの融点降下曲線（粘度平均分子量＝50000）

ところで一般の結晶性高分子は金属のように完全な結晶状態では通常存在しない．熱処理条件によって結晶状態はいくらでも変化する．ポリエチレン，ポリプロピレン，ナイロン66などは通常の存在状態では，結晶化度は30～60%である．当然そのような状態の T_m，ΔH_{mu} の値を使用しないと，式（1.56）は適用できない．また，式（1.57）では溶解のどの温度でも ΔH_{mu} は同じであると仮定している．融解のエンタルピーは一般には式（1.61）のように表せるはずである．

$$\Delta H_{mu}=\Delta H_{mu}^0+(T-T_m)\cdot C_p \tag{1.61}$$

溶媒による高分子の融点降下を正確に把握するには，いろいろ配慮しなければならないことがあるが，大きくは式（1.60）で理解できる現象が実際に認められている．ここに典型的な一例[21)]を図1.17に示しておく．ポリエチレン-テトラリンの系でいろいろな条件で測定した融点の挙動が示されている．溶媒割合が少ないときは融点の変動がないが，希薄系になると実験条件によってかなり数値がばらついてくることが読み取れる．いずれにしても，概略的には式（1.60）に従って融点は低下していることがわかる．

結晶性高分子と非晶性高分子の系も考え方は，結晶性高分子と溶媒の系と同じである．この系については後半の相平衡の所で事例を紹介する．

〔参考文献〕

1）J. L. Hildebrand, R. L. Scott：The Solubility of Nonelectrolytes, Reinhold. Pub., New York（1950）
2）P. J. Flory：J. Chem. Phys., **10**, 51（1942）
3）M. L. Huggins：J. Phys. Chem., **46**, 151（1942）, J. Am. Chem. Soc., **64**, 1712（1942）
4）J. N. Israelachvili：分子間力と表面力 第2版，大島広行訳，朝倉書店（2003）
5）小川俊夫，菊井憲，井上浩：日本接着学会誌，**31**，490（1995）
6）南崎喜博，田中良和，小林金也：日本接着学会誌，**40**，282（2004）
7）南崎喜博，小林金也：接着，**48**，211（2004）
8）H. Eyring, J. Hirschfelder：J. Phys. Chem., **41**, 249（1937）
9）篠田耕三：溶液と溶解度 改訂増補，丸善（1974）
10）A. R. Shultz, P. J. Flory：J. Am. Chem. Soc., **74**, 4760（1952）
11）E. A. Grulke：Solubility Parameter Values, in Polymer Handbook, Fourth Edition, Edited by J. Brandrup, E. H. Immergut, E. A. Grulke Eds., John Wiley & Sons Inc., New York（1999）
12）P. J. Flory：Principles of Polymer Chemistry, XII-1c, Cornell Univ. Press, Ithaca and London（1953）
13）中島章夫，細野正夫：高分子の分子物性 上，p.199，化学同人（1969）
14）R. G. Blanks, J. M. Prausnitz：Ind. Eng. Chem. Fund., **3**（**1**）, 1（1964）
15）R. L. Scott, M. Magat：J. Polym. Sci., **4**, 555（1949）
16）R. L. Scott, M. Magat：J. Chem. Phys., **17**, 279（1949）
17）T. K. Kwei, T. Nishi, R. F. Roberts：Macromolecules, **7**, 667（1974）
18）K. S. Siow, G. Delmas, D. Patterson：Macromolecules, **5**, 29（1972）
19）H. G. Elias：Theta Solvents, Polymer Hand Book, Fourth Edition, edited by J. Brandrup, E. H. Immergut：E. A. Grulke, VII/291
20）L. Mandelkern：Crystallization of Polymers, Second Edition, Chapter 3, Cambridge Univ. Press（2002）
21）J. B. Jackson, P. J. Flory, R. Chiang：Trans. Faraday Soc., **59**, 1906（1963）

2 溶解パラメーター

2.1 名　　称

英語で solubility parameter と表現された場合は凝集エネルギーを分子容積で割った値の平方根として定義されていて，何のまぎらわしさもない．ところが，日本語に訳されると，いろいろな風に表現されている．「溶解性パラメーター」，「溶解度パラメーター」，「溶解性パラメータ」などが多く使われている．岩波理化学辞典では「溶解度パラメター」が使われている．しかし，日本で最初に solubility parameter の訳名を掲載したのは篠田耕三著「溶液と溶解度」（丸善，1966 年初版）においてである．さらに，日本化学会発行で南江堂から発売されている「学術用語集（化学編）」でも「溶解パラメーター」という表現が採用されている．これらの事実とともに，英文の solubility parameter なる言葉を最初に提唱されたカリフォルニア大学の Hildebtrand 教授と最も親交があり，かつ共著論文も多い篠田耕三教授の訳に従って，ここでは「溶解パラメーター」なる言葉を上記の意味として以後使用してゆきたい．

2.2　溶解パラメーターの値

2.2.1　低　分　子

溶解パラメーターの定義から原則的には式（2.1）に従って，密度と蒸発のエンタルピー（蒸発熱）がわかれば求められる．

$$\delta=\left(\frac{E_v}{V}\right)^{1/2}=\left(\frac{\Delta H_v-RT}{V}\right)^{1/2} \tag{2.1}$$

ここに添え字 v は蒸発という意味である．E は内部エネルギー，H はエンタルピーを意味する．通常溶解パラメーターは室温あるいは 25℃ での値を必要とするから，蒸発熱の値も同様な温度での値が必要である．しかし，そのような蒸発熱の値を得ることは一部の有機化合物を除いてなかなか難しい．それでいろいろな近似的な求め方が開発されている．多くは，モル引力定数を用いる方法で算出されている．その方法については後述する．なお，ここで R は気体定数，T は温度[K]で，25℃ では $RT=2.478$ kJ/mol である．

溶解パラメーターの値は過去には単位の違う値が文献でも使用されてきた．それはエネルギーをカロリーで表す場合とジュールで表す場合があるためである．古い文献では単位がカロリーであったが，最近ではジュールであるので，それらの換算率を以下に示しておく．数値が約 2 倍違うことを注意していただきたい．

表 2.1　有機溶媒の溶解パラメーター（付録 1 参照）

溶　媒	δ[MPa$^{1/2}$]	溶　媒	δ[MPa$^{1/2}$]
n-Decane	13.5	Toluene	18.2
Diisopropyle ether	14.1	Benzene	18.8
Diisodecyl phthalate	14.7	Chloroform	19.0
n-Heptane	15.1	Acetyl chloride	19.4
n-Octane	15.6	Methyl chloride	19.8
Methylcyclohexane	16.0	Bromobenzene	20.3
Lauryl alcohol	16.6	Iodobenzene	20.7
Ethyl methacrylate	17.0	Acrylonitrile	21.5
Ethyl acrylate	17.6	n-Hexyl alcohol	21.9
Diethyl ketone	18.0	Dimethyl oxalate	22.5

表 2.1　有機溶媒の溶解パラメーター（続き）

溶　媒	δ[MPa$^{1/2}$]	溶　媒	δ[MPa$^{1/2}$]
Cyclohexanol	23.3	Diformylpiperazine (N, N)	31.5
Acetonitrile	24.3	Methyl formamide	32.9
Diethylene glycol	24.8	Glycerol	33.8
Furfuryl alcohol	25.6	Foramide	39.3
Ethyl alcohol	26.0	Water	47.9
Dimethyl nitroamine (N, N)	26.8		
Methyl ethyl sulfone	27.4		
Diacetyl piperazine (N, N)	28.0		
Dimethyl sulfoxide	29.7		
Ethylene carbonate	30.1		

$$1\left(\frac{\mathrm{cal}}{\mathrm{cm}^3}\right)^{1/2}=1\times(4.187\times10^6\ \mathrm{Jm}^{-3})^{1/2}=2.046\left(\frac{\mathrm{MJ}}{\mathrm{m}^3}\right)^{1/2}=2.046(\mathrm{MPa})^{1/2}$$

具体的な溶解パラメーターの値については，多くの便覧や辞典に掲載されているが，ここに Polymer Handobook[2)]から抜粋して一部を表 2.1 に掲載させていただいた.

2.2.2　高　分　子

高分子は多くが固体であるので溶解パラメーターを直接求める手段がない．このため，値のわかった低分子化合物を利用して求められる．その求め方の詳細については後述する．低分子化合物と同様に Polymer Handbook より抜粋した値を表 2.2 に示しておく．高分子においては 1 つの高分子に対して測定法や測定者によってさまざまな値が提出されていて，どの値が最も適切であるか迷うことが多い．表 2.2 に抜粋している値は著者が最適と思われる値を示しているに過ぎない．疑問のある人は，たとえば研究開発法人「物質材料研究機構 NIMS」が材料データを提供している中で，PolyInfo という高分子のデータベースがあるので，これを参照するとよい．ただし，データは膨大であるので最終的な採否は自分で判断するしかない．または自分自身で測定する必要があろう．なお，若干の熱硬化性の樹脂についても表 2.2 に示しておいたが，無論これらの溶媒では高分子は溶解せず，何らかの膨潤状態になるものと推定される．

表 2.2　高分子の溶解パラメーター（付録2参照）

溶　媒	δ[MPa$^{1/2}$]	溶　媒	δ[MPa$^{1/2}$]
Poly1(butadiene)	17.1	Poly(styrene)	17.5-18.5
Poly(chloroprene)	17-18	Nylon 6	21
Poly(1,4-cis-isoprene)	15.5-16.5	Nylon 66	22.9
Poly(ethylene)	16.5	Poly(ethylene oxide)	20
Poly(isobutene)	16.0-16.5	Cellulose	32
Poly(propylene)	17.5-19	Cellulose acetate	22-23
Poly(acrylic acid)butyl ester	18-19	Cellulose nitrate	30.4
Poly(acrylic acid)methyl ester	20.7	Epoxy resin	22
Poly(methacrylic acid)methyl ester	18-19	Phenolic resin(resole)	27
Poly(vinyl alcohol)	23-26	Poly(vinylidene chloride)	25
Poly(vinyl acetate)	18	Poly(p-methyl styrene)	19.3
Poly(vinyl chloride)	19-21	Poly(sulfone)	20.2

2.2.3　高分子に溶解パラメーターが適用できる理由

低分子化合物の溶解を扱うときは Hildebrand の考えに従えば，溶解のエントロピーは分子の大きさを考えず，モル分率だけを考えて計算してよかった．溶解のエンタルピーは分子の体積の影響も配慮されていた．高分子を扱った Huggins-Flory の方法では，溶解のエントロピーは分子の体積の効果を考えて体積分率で表現した．溶解のエンタルピーも直接の説明はないが，分子の体積を配慮した表現だった．低分子だけを扱っている限りにおいては，Hildebrand の考え方でもあまり矛盾が生じない．それでは高分子と低分子化合物の系ではどうであろうか．Hildebrand の正則溶液論では上述のように，エントロピー項は分子容積が大きくなっても，関係ないとすれば，エンタルピー項を考えてみる．第1章の式（1.21）で一方の分子容積が増加した場合を考えてみる．つまり，高分子と溶媒の系を考えてみる．V_1は一定で，V_2だけが増加する場合を想定した結果が図 2.1，図 2.2 に示されている．

これらの曲線は高分子と溶媒の混合割合が違う場合であるが，いずれの場合も，高分子の分子容積が溶媒の 1000 倍くらいになると，エンタルピー項に明らかに大きな影響を与えていることがわかる．特に高分子の割合が少ない場合ほどエンタルピー項への影響が大きい．たとえば，分子量 100 の溶媒 1.0 モルと分子量 1 万の高分子 0.01 モルが混合された場合，溶解パラメーターの両者

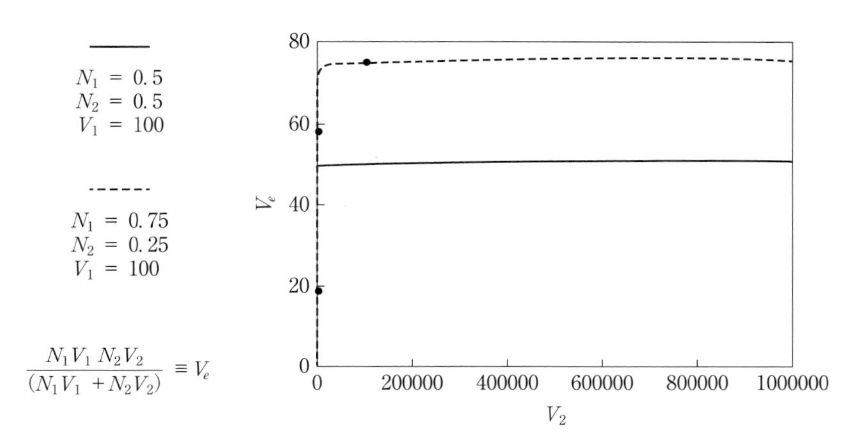

図 2.1　エンタルピー項のうち溶解パラメーター以外の因子の影響（体積効果）

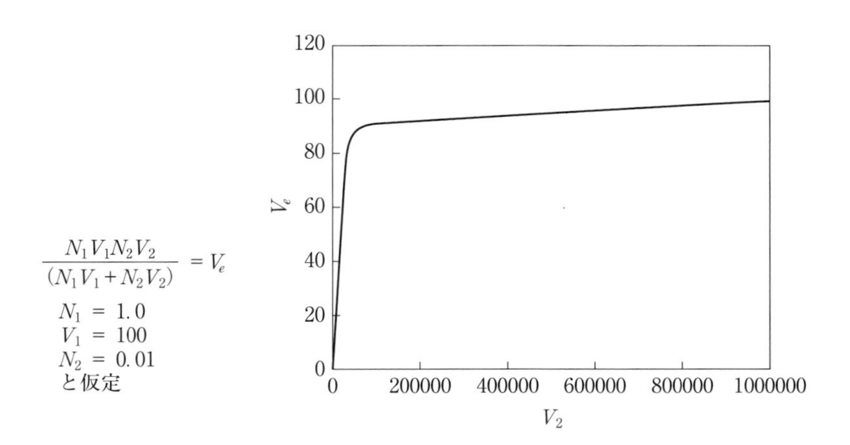

図 2.2　エンタルピー項のうち溶解パラメーター以外の因子の影響（体積効果）

の差が 0.5 [MPa]$^{1/2}$の場合でも，溶解のエンタルピーは正の値で 7.5 kJ になってしまい，常識的なエントロピーの値を採用しても，溶解の自由エネルギーは正となり溶解しないことを意味する．しかし，溶媒と高分子の溶解パラメーターの間に 0.5 [MPa]$^{1/2}$ 程度の差があっても実際には溶解することは常識的に誰でも知っている．たとえばポリスチレンの溶解パラメーターは表 1.2 に示されるとおり，17～18 [MPa]$^{1/2}$ であり，ベンゼンのそれは 18.8 [MPa]$^{1/2}$ であるが，ポリスチレンはベンゼンに溶解する．このことはHildebrandの正則溶液論の式では分子量差あるいは分子容積の差が100倍にもなると成立しないことを意味している．一方，Huggins-Floryの溶液論では，具体的にポリスチレンがベンゼンに溶解するかどうか予測手段がない．無論光散乱法や浸透圧測定法でカイパラメーターを求める方法は提案されている．しかし，これらの方法でカイパラメーターの値を求めるくらいなら，溶解性を直接測定した方がはるかに合理的である．なぜなら，光散乱法などの方法は実際に実験してみたらわかるが，大変な手間暇がかかり熟練を要する方法だからである．カイパラメーターの値は溶解パラメーターのように簡単に予測できない．確かにカイパラメーターが0.5以下になれば溶解することはわかっているが，この系がそのような条件を満たすかどうか何の予測手段もない．このようにきわめて単純なことでも，現在のHuggins-Floryの溶液論では実験事実をうまく予測できていない．

これは高分子と溶媒のような大きな分子量の差や分子容積の差がある系ではHildebrandのモデルのような粒子同士の接触で分子間力を捉えるのではだめであり，大きな分子と小さな分子の混合系では，高分子鎖の全体ではなくてその一部と低分子が接触するのを1つの分子間相互作用の単位として考えなければいけないということを意味する．溶解パラメーターで高分子の溶解性が予測できる実験事実からすると，溶媒とほぼ同じサイズのポリマー鎖の一部が溶媒と相互作用する，つまり分子間力が働くと考えるのが適当である．

いま，高分子が溶媒に溶けている状態をイメージしてみる．これについては第1章でも若干述べたが，トルエン溶液中のポリクロロスチレンは30℃において，半径25 nmの球の状態で存在していることが光散乱法で明らかになっている[3)]．分子1個の体積は6.5×10^4 nm^{3}であることを意味する．無論完全な球体ではなく，ブラウン運動で伸びたり収縮したりはしているだろうが，そのことは問題ではない．ところで，ここで用いた高分子の分子量は51万であり重合度は3680であった．一方，高分子の分子軸の周りの自由回転を考慮したポリマー鎖一本の占める体積は約64 nm^{3}である．この様子を示したのが図2.3である．

つまりポリマーの存在する球体の内部は$64/65\times10^{-3}\times10^2\approx0.1$%の実質ポリマー鎖の濃度ということになる．したがって，低分子の溶媒は高分子の球内

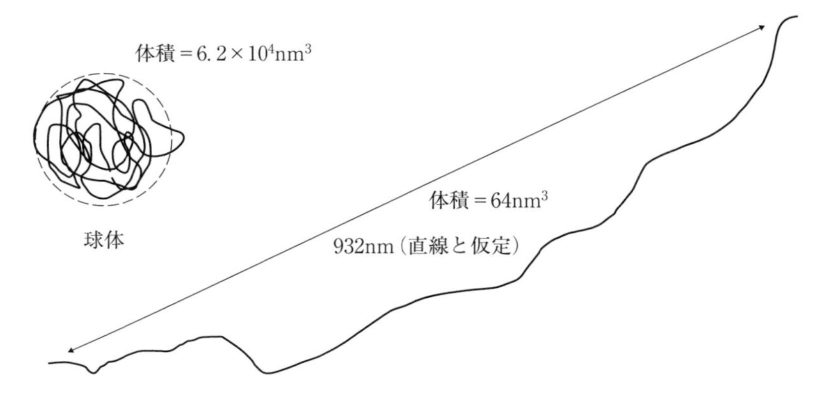

図 2.3 ポリ-p-クロロスチレン分子がトルエン中に存在するときの球体と直鎖の長さ[5]（M=5.1 × 10^5）

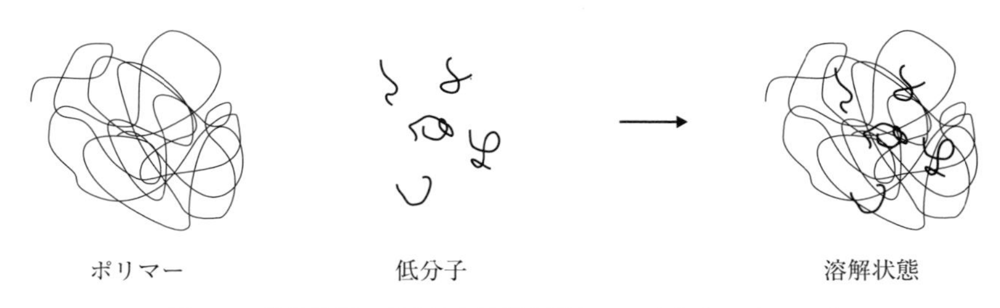

図 2.4 溶液状態で高分子と溶媒が接しているときのイメージ

をほぼ自由に出入りしていることになる．このような状態を模式的に示したのが図 2.4 である．このような状態であれば，分子間相互作用が溶媒分子と高分子鎖の溶媒分子とほぼ同じサイズの高分子鎖の部分と相互作用するというイメージで納得できる．つまり，高分子の分子鎖の繰り返し単位から予測した溶解パラメーターから予測した溶解パラメーターが溶媒のそれと一致すれば高分子は溶解するという実験事実をよく説明することができる．

このような状況であるから，高分子鎖が屈曲性高分子であるか，あるいは半屈曲性高分子や棒状高分子などと区別して考える必要はない．無論，正確に考えれば分子鎖の屈曲性の程度が溶解性に影響を与えるであろうが，実用レベルではそのような細かな議論をする必要性はまったくない．

2.3　モル引力定数

2.3.1　既存のモル引力定数の比較[4)]

後述するように，実験的に溶解パラメーター予測する方法はいくつか知られている．しかし，高分子も低分子化合物も含めて溶解パラメーターを予測する最も汎用性の高い方法はモル引力定数（molar attraction constants）の手法である．無論どんな方法にも欠点はあるが，実用的な観点からはこれに勝る方法はない．これは官能基ごとの性質の加成性を仮定した溶解パラメーターの予測法で，group contribution methods とも呼ばれる方法の一種である．このような考え方は時代に合っているのではないかと思われる．たとえば，材料内の応力の分布状態は複雑であるが，これを三角形の集合体（線形代数を使用）と見なして，処理する有限要素法がよく発達しており，多くの建築材や自動車材料で利用されている．また，複雑な現象を多変量解析という手法，つまり線形代数の形にして処理するのも，やはり現象を単純化したものの集まりとして処理するものである．著者の経験では材料の耐候劣化現象を多変量解析法で処理[5,6)]すると，気温や降水量などを変数とすればいろいろな地域での材料劣化の予測が可能であった．これらの方法の適用が可能なのは一重にコンピュータの発達のお陰である．

溶解パラメーターは エネルギーを体積で除したものであり，式（2.2）で表現され，F_iがモル引力係数と呼ばれる量で，官能基ごとに与えられている．添え字 i は各官能基ということで，$V=\sum V_i$ でもある．体積 V は分子容積あるいはポリマーであれば繰り返し単位に対する分子容積であるから分子量と密度がわかれば容易に求めることができる．エネルギーとは分子間力に関係するもので，原理的には蒸発熱から体積変化のエネルギーを差し引いた値である．このエネルギーは官能基ごとに特有な値をもっていて，加成性が成り立つと仮定するのがモル引力定数の考え方である．

$$\delta=\left(\frac{\Delta E\cdot V}{V^2}\right)^{1/2}=\frac{\sum(\Delta E_i V_i)^{1/2}}{V}=\frac{\sum F_i}{V} \qquad (2.2)$$

最初にこの提案をしたのはイギリスのロンドンに近いウエリン・ガーデン・シティにある ICI 社の研究所に勤務していた Small[7] である．Small が当初示したモル引力定数の値は，たとえば統計的な処理をして決めたのではなく，バランスを考えて決めたようである．それでも実験値と割合によく一致していることが表 2.3 より読み取れる．

ただこれらの値はモル引力定数を適当に決めたところがあるので，適当に決めたモル引力定数が適切であったという証明にはなるかも知れない．ここで，Small は水酸基，アミノ基，アミド基，カルボキシル基は水素結合を起こす可能性があるので，モル引力定数のグループには入れなかった．しかし，それでは不便であるので，後の研究者はこれらの官能基も徐々に加えていている．水素結合をする恐れのある化合物は厳密にいえば正則溶液となり得ないが，それではあまりに応用範囲が狭まってしまう．多少の誤差は覚悟でこれらの官能基もモル引力定数に加えておき，最終的判断の際に水素結合の配慮をすればよいのではないかと思われる．その後，Hoy[8]，Fedor[9]，Krevelen[10]，沖津[11] な

表 2.3　Small が提出したモル引力定数で予測した高分子の溶解パラメーター

ポリマー	δ[MPa$^{1/2}$cm^{3}mol^{-1}] (calculated)	δ[MPa$^{1/2}$cm^{3}mol^{-1}] (observed)
Poly (isobutylene)	15.7	16.5
Natural rubber	16.7	16.3
Poly (butadiene)	17.1	17.4
Poly (styrene)	18.6	18.6
Poly (methyl methacrylate)	18.9	18.9
Poly (vinyl bromide)	19.6	19.4
Cellulose dinitrate	21.4	21.6
Cellulose diacetate	23.2	22.3

表 2.4　研究者達が提出したモル引力定数の数[7-11]

研究者	モル引力定数の数
Small (1953)	33
Krevelen (1965)	28
Hoy (1970)	42
Fedor (1974)	71
沖津 (1993)	43

どが新しいモル引力定数を提出している．著者も高分子についてのモル引力定数を提案[4]した．現在までに提案されているモル引力定数の個数は表2.4のとおりである．

ところで官能基という定義にもよるが，どの提案者の官能基の数も有機化合物あるいは高分子のすべてを網羅するには程遠い官能基数である．できるだけ多数の官能基にこの方法が適用できるようにするため，提出されたモル引力定

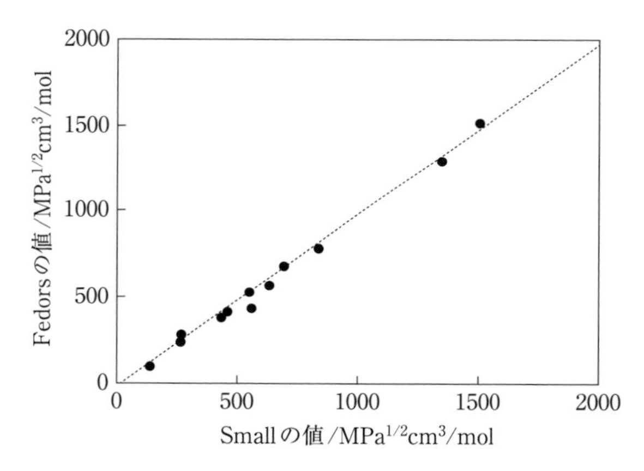

図2.5 Fedors と Small が提出したモル引力定数の関係

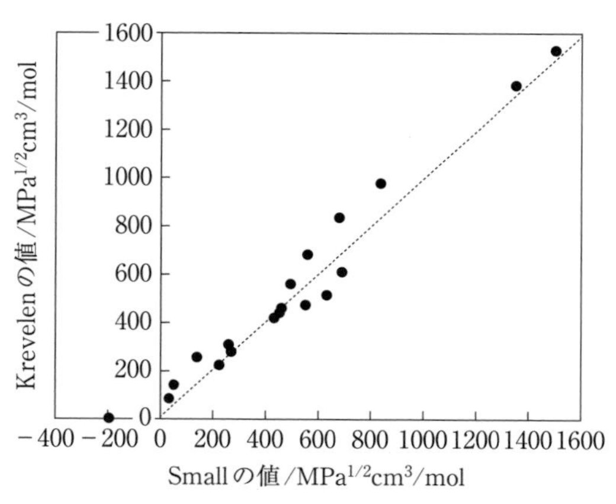

図2.6 Krevelen と Small が提出したモル引力定数の関係

数を比較してみた．その結果が図 2.5〜図 2.8 である．

これらの結果を見ると，Fedors，Krevelen と Small の結果はほぼ一致している．したがって，これらのデータは共通に扱えるモル引力定数と考えてよい．沖津の値も一部を除いて Small の値と一致している．しかし，Hoy の値は Small の値からの一定の偏りがある．したがって，Hoy の値は他の値と一緒に扱うことはできない．これは，Hoy だけが多変量解析の手法を用いてモ

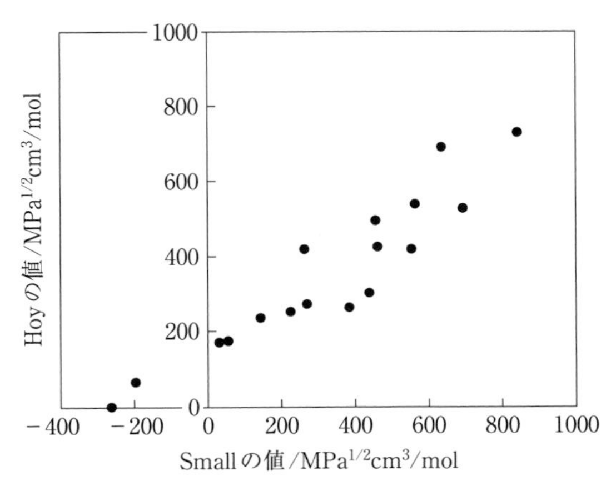

図 2.7 Hoy と Small が提出したモル引力定数の関係

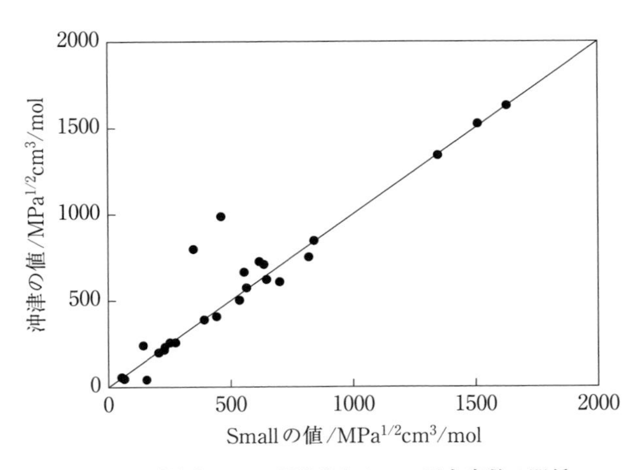

図 2.8 沖津と Small が提出したモル引力定数の関係

表 2.5 推奨モル引力定数

No.	官能基	F_j(MPa$^{1/2}$·cm^3/mol)	No.	官能基	F_j(MPa$^{1/2}$·cm^3/mol)
1	$-CH_3$	437	21	Ring 3 or 4	238
2	$-CH_2-$	272	22	Naphthyl	2340
3	>CH–	57	23	–H	184
4	>C<	−190	24	–OH	546
5	$H_2C=$	388	25	–OH (desubstituted)	533
6	–CH=	277	26	–O–	100
7	>C=	39	27	–CHO (aldehyde)	690
8	>C=CH–	265	28	–CO–	433
9	$-CH(CH_3)-$	495	29	–COOH	887
10	$-C(CH_3)_2-$	685	30	–CO–O–	569
11	–CH=CH–	454	31	–O–CO–O– (carbonate)	622
12	$-C(CH_3)=CH-$	704	32	–CO–O–CO– (anhydride)	957
13	–C≡C–	454	33	HCO–O– (formate)	765
14	HC≡	583	34	–O–CO–CO–O– (oxalate)	1000
15	–C≡	454	35	–O–CO–OH	475
16	Phenyl	1500	36	–CO–F	623
17	Phenylene (o,m,p)	1294	37	–CO–Cl	818
18	Phenyl (trisubstituted)	1033	38	–CO–Br	1002
19	Phenyl (tetrasubstiuted)	678	39	–CO–I	1194
20	Ring 5 or more	130	40	$-NH_2$	491

表 2.5 推奨モル引力定数（続き 1）

No.	官能基	F_j(MPa$^{1/2}$·cm^3/mol)	No.	官能基	F_j(MPa$^{1/2}$·cm^3/mol)
41	–NH–	194	56	–CH=N–OH	776
42	–N=	242	57	$-NO_2$(aliphatic)	838
43	$>N-NH_2$	518	58	$-NO_2$(aromatic)	701
44	>NH–NH<	518	59	$-NO_3$	837
45	–N=N–	310	60	$-NH-NO_2$	1068
46	–CN	660	61	–N=NO–	522
47	$-NF_2$	504	62	–O–NO	900
48	–NF–	352	63	–SH	634
49	$-CO-NH_2$	856	64	–S–	412
50	–CO–NH–	564	65	$-S_2-$	741
51	–NH–CO–H	1089	66	$-S_3-$	793
52	–NH–CO–O–	698	67	$>SO_3$	721
53	–NCO	998	68	$>SO_4$	948
54	$-O-NH_2$	617	69	$-SO_2Cl$	1277
55	–N=N–OH	533	70	–SCN	862

表 2.5　推奨モル引力定数（続き 2）

No.	官能基	F_j(MPa$^{1/2}$·cm^3/mol)	No.	官能基	F_j(MPa$^{1/2}$·cm^3/mol)
71	–NCS	1002	81	$-CF_3$	496
72	$>PO_3-$	568	82	–Cl	526
73	$>PO_4-$	765	83	–Cl (disubstituted)	500
74	$>PO_3(OH)$	1012	84	–Cl (trisubstituted)	453
75	$>Si<$	–77	85	–Br	682
76	$>SiO_4<$	660	86	–Br (disubstituted)	619
77	–F	275	87	–Br (trisubstituted)	588
78	–F (disubstitute)	267	88	–I	775
79	–F (trisubstituted)	225	89	–I (disubstituted)	749
81	$-CF_2-$	313	90	–I (trisubstituted)	777

ル引力定数を算出しているためと思われる．つまり，多変量解析で上記のような相関関係を見るとき，一般にはゼロ点を通らないが，他の研究者の場合はそのような操作で求めた値でないので，差が生じたものである．本来は多変量解析で求める方がより客観的となるはずである．しかし，基本となるモル引力定数の値が研究の経緯から実用的にはSmallの提案に基礎を置いているため，やむを得ない．これをより客観的な多変量解析法で実施するには，信頼できる膨大な基本データがなければならないが，現在のところそれを試みた研究者はいない．

ともかく，できるだけ多くの官能基にモル引力定数を適用できるようにするため，上記の考察を下地に著者がまとめたものが表 2.5[4] である．これで 90 個の官能基についてモル引力定数が定まったので，かなりの高分子や有機化合物の溶解パラメーターは求まるはずである．ここに載っていない官能基については関連官能基の値から推定するしかない．あまり極端な構造の官能基をもつものは，もともと溶解パラメーターのような単純な概念では扱いようがないので，別途溶解性を議論する必要があるであろう．

モル引力定数を用いて具体的に溶解パラメーターを求める例を以下に示しておく．この方法で溶解パラメーターを計算をするに当たって高分子の密度や原子量の値が必要になるが，市販高分子の概略値については付録 6，原子量については付録 7 を参照されるとよい．

［計算例 1］　以下のような分子構造のポリカーボネートの溶解パラメーターを求めよ．ポリカーボネートの密度は 1.20g/cm^{3}とする．

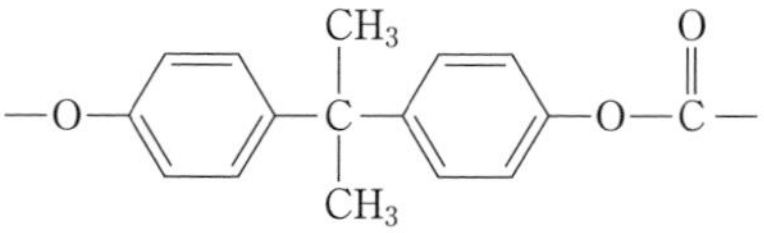

繰り返し単位の分子量 M は 254g/mol．
モル引力定数は以下の式で求められる．

$$\sum F_i = (-\mathrm{O}-) + 2\cdot(\text{フェニル基}) + (-\mathrm{C(CH_3)_2}-) + (-\mathrm{CO}-\mathrm{O}-) \quad (2.3)$$

表 2.7 からそれぞれの F_i を求めて

$$\sum F_i = 100 + 2\times1294 + 685 + 569 = 3942$$

$$\delta = \frac{1.20}{254}\cdot 3942 = 18.6(\mathrm{MPa})^{1/2}$$

［計算例 2］　漆の固化する前の主成分の分子構造はウルシオールと呼ばれ，以下のとおりである．この化合物の溶解パラメーターを求めよ．密度は 30℃で 0.987g/cm^{3}である．

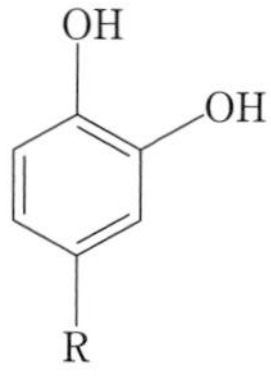

$\mathrm{R} = (\mathrm{CH_2})_7\mathrm{-CH=CH-CH_2-CH=CH-CH=CH-CH_3}$

分子量 M は 314.4 g/mol である．

$$\sum F_i = 8\cdot(-(\mathrm{CH_2})-) + (-\mathrm{CH_3}) + 6\cdot(-\mathrm{CH}=) + 2\cdot(-\mathrm{OH}) + (\text{フェニル基})$$

$$\sum F_i = 8\times272 + 437 + 6\times277 + 2\times546 + 1500 = 6867$$

$$\delta = \frac{0.987}{314.4}\times6867 = 21.6(\mathrm{MPa})^{1/2}$$

溶解パラメーターの値は温度にあまり依存しないので，この値は 25℃でも適用して差し支えない．

2.3.2　高分子専用のモル引力定数[4)]

上記研究者達が提出したモル引力定数はあくまでも低分子化合物を意識したものであった．溶解のエンタルピーの原点に立ち返って溶媒と高分子の相互作用を考えれば式（2.3）からわかるように，高分子のもつモル当たりの体積（V_2）が巨大なため，高分子と溶媒の溶解パラメーターの差がたとえ 0.1 以下であっても，$\Delta H \gg 0$ となって，ポリマーはきわめて限られた溶媒にしか溶解しないことになってしまう．しかし，現実には Polymer Handobook[2)] には高分子に関して多数の溶解パラメーターが収録されている．このことは，高分子を溶解させる溶媒は多数存在することを意味する．溶媒と高分子の関係は高分子を巨大な鎖長をもったものと解釈しては理解できない．つまり，高分子は繰り返し単位に近い長さの分子鎖と溶媒が相互作用するものと考えざるを得ない．無論溶解性には分子量依存性もあるから，分子鎖長に溶解現象はまったく関係ないというわけではないが．

このような考えの基に Polymer Handbook に掲載されている高分子の溶解パラメーターを使って，高分子専用のモル引力定数を求めることを検討した．何度も指摘したように多くの変数からなるデータから客観的な数値を求めるには多変量解析法を用いるのが最適である．そこで，基礎データとして Polymer Handbook に掲載されている 115 種の高分子の溶解パラメーターの値を使用してモル引力定数を求めた．多変量解析法に従うとモル引力定数 F_i は式（2.4）に従って求めることができる．

$$\delta = a + \frac{1}{V}(F_1 b_1 + F_2 b_2 + F_3 b_3 + \cdots + F_n b_n) \qquad (2.4)$$

ここに，V は繰り返し単位のモル容積，b は官能基の繰り返し単位内の数で，通常 0～3 程度の値をとる．aは計算の結果与えられる定数である．官能基の種類は多くとも，繰り返し単位内に含まれる官能基は少ないので，全体に 0 が非常に多い行列となる．式（2.4）に多くの高分子の溶解パラメーターとそれぞれの高分子の繰り返し単位の中の官能基の数を与えて，多変量解析すると，それぞれの官能基のF_i，つまりモル引力定数が求まる．多変量解析のソフトは今日では Excell にも内蔵されているので，容易に計算することができる．た

表 2.6　高分子専用のモル引力定数

Number	Functional group	Value of group-shift $MPa^{1/2}cm^3/mol(\beta_i)$
1	$-CH_3$	−236.63
2	$-C_2H_5$	−231.41
3	$-C_3H_7$	−181.28
4	$-C_4H_9$	−182.50
5	$-CH_2-$	−35.16
6	$>CH-$	185.06
7	$>C<$	453.82
8	$=CH_2$	−86.12
9	$=CH-$	−149.93
10	$=C<$	224.16
11	$-CH=CH-$	−9.22
12	$>C(CH_3)-$	163.86
13	$-C(CH_3)_2-$	5.06
14	$-CO-$	340.01
15	$-COCH_3$	148.96
16	$-COO-$	50.06
17	$-COOCH_3$	−180.39
18	$-COOCH_2-$	−317.86
19	$-O-$	128.12
20	$-OCH_3$	−74.74
21	$-OH$	−74.76
22	−⌬	−107.17
23	−⌬−	72.68
24	−⌬−OH	587.88
25	−⌬−CH_3	−61.38
26	−⌬−Cl	−96.72
27	$>N-$	430.31
28	$-NH-$	187.46
29	$-NH_2$	39.82
30	$-CONH-$	897.25
31	$-CN$	306.33
32	$-CH_2CN$	314.64
33	$-CH(OH)-$	482.69
34	$-NO_2$	200.45
35	$-S-$	148.52
36	$-SO_2-$	153.72
37	$-CF_2-$	−297.39
38	$-H$	−192.39
39	$-Cl$	102.23

だ，Polymer Handbook や NIMS のデータには 1 つの高分子に対して多数の溶解パラメーターの値が掲載されているので，どの値を採用すべきか迷う．この辺は最適な値を経験と勘で選ぶしかない．ともかくそうして計算した結果が表 2.6 である．

この場合，高分子とモル引力定数の関係は式（2.5）で表すことができた．このように溶解パラメーターとモル引力定数は式（2.2）とは若干異なっていて，多変量解析という方法論上，式（2.4）ではほとんどの場合定数 a が伴っている．このため式（2.2）と式（2.4）で求められたモル引力定数は同じではない．両者は内容的に若干異なっているが，ここでは同じ名称を用いた．

$$\delta=18.65+\frac{1}{V}\sum F_i \qquad (2.5)$$

低分子化合物に対する推奨モル引力定数（表 2.5）とここで求めたモル引力定

表 2.7　多様なモル引力定数で計算した各種高分子の溶解パラメーター

Polymer	実験値[MPa$^{1/2}$]	推奨モル引力定数使用[MPa$^{1/2}$](表 2.5)	ポリマー専用値使用[MPa$^{1/2}$](表 2.6)
Poly(isobutene)	16.5	15.2	17.6
Poly(styrene)	18.3	16.9	19.0
Poly(vinyl chloride)	19.3	17.8	22.0
Poly(4-chlorostyrene)	19.0	18.6	19.0
Poly(ethylene oxide)	19.9	15.5	19.9
Poly(methacrylic acid)butyl ester	17.9	19.5	18.9
Nylon 66	23.1	20.0	22.6

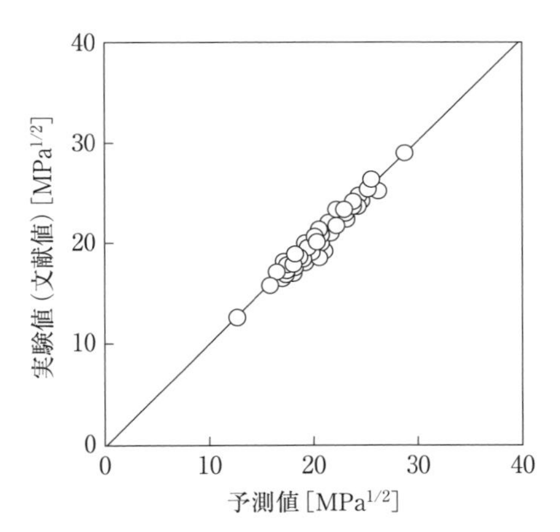

図 2.9　高分子専用のモル引力定数を用いて予測した溶解パラメーターと実験値の相関性

数（表 2.6）を使って求めた溶解パラメーターの例が表 2.7 に示されている．ここで求めたポリマー専用のモル引力定数を用いた方がより実験値に近い溶解パラメーターが得られるように思える．また，高分子専用のモル引力定数（表 2.7）を用いて求めた溶解パラメーターと実験値を比較した関係が図 2.9 に示されている．当然とも思えるが両者はよく一致している．

2.4　モル引力定数の有用性と適用限界

ところで高分子の溶解パラメーターの実測値はいろいろな所に掲載されてい

表2.8　溶解パラメーターに関するNIMSデータの提示例（PMMA）

例	溶解パラメーター[MPa]$^{1/2}$	測定方法
1	18.5	粘度法
2	18.9	不明
3	19	粘度法，相平衡法
4	19.2	モル引力定数法
5	19.3	膨潤率法
6	19.5	粘度法
7	19.9	不明
8	20.9	接触角法
9	22.5	不明
10	23	不明
11	23.1	不明
12	26.3	溶解熱法

る．たとえばPolymer Handbook（Wiley Interscience Pub.）や日本のNIMS物質・材料データベース（Nat Nav）などである．ところが，ここでは1つの高分子に対して非常に多数の値が掲載されている．たとえば，後者のポリメチルメタクリレートの例では38個の値が示されている．常識的な数値だけでも表2.8に示されるようにδは18から26[MPa]$^{1/2}$までの値が示されている．これは，発表されたデータに何らの評価も行わずに単純に掲載されているためであるが，これでは実際に採用する立場としてはどれを選ぶべきか判断に迷う所である．このようなときにも「モル引力定数」のような予測法が実用的に重要な意味をもってくる．

モル引力定数を使えば有機化合物や高分子の溶解性を何でも予想できるかというとそれは難しい．この方法は官能基の性質の加成性を仮定しているので，複雑な構造の有機化合物や高分子では適用が難しい．たとえば立体規則性が溶解にどう影響するかという問題は基本的に扱えない．常識的にはアタクチックポリプロピレンとアイソタクチックポリプロピレンは融点以上では溶解性の差を無視できる程度に少ないと思われる．ただし，結晶に伴う融解熱効果は決定的に大きいので，室温付近ではその差を配慮しなければならない．結晶性効果はすでに詳しく述べたとおりである．共重合体，たとえばランダム共重合体とブロック共重合体の間にどのような溶解性の違いがあるか，という問題もモル引力定数のような単純な方法ではどうにもならない．そのように，溶解のわずかな違いを論ずるには本書でまったく取り上げるべき内容とは思っていない．そのような場合は近辺の高分子で溶解実験を繰り返して適当な溶媒を探すことにつきる．

2.5　Hansen の溶解パラメーター[12)]

溶解性は溶解のエントロピーと溶解のエンタルピーの双方で決まることは何度も述べてきた．しかし，溶解のエントロピーの効果は事実上あまり大きくないし，状況によってあまり変動しない．結局溶解のエンタルピーが溶解性を支配しているのだから，これを詳細に調べて溶解性を予測しようと考えたのが，デンマーク出身でインク会社などに勤務していた Hansen である．それで独自に Hansen の溶解パラメーターなるものを考えた．Hansen の溶解パラメーター δ は式（2.6）で表せる．

$$\delta^2 = \delta_D^2 + \delta_P^2 + \delta_H^2 \tag{2.6}$$

添え字 D は分散力成分，添え字 P は極性成分，添え字 H は水素結合成分による寄与として溶解パラメーターの内容を 3 種の成分に分類した．溶解現象はポリマーおよび溶媒の 3 種の溶解パラメーターを中心にして，たとえば高分子を溶かすべき相手とすれば，その球（HSP 球）の中心が高分子の δ_D，δ_P，δ_H で決まるので，溶媒も図 2.10 に示すような球の中に存在すれば，高分子が溶解するという考え方である．高分子と溶媒のそれぞれの溶解パラメーターの隔た

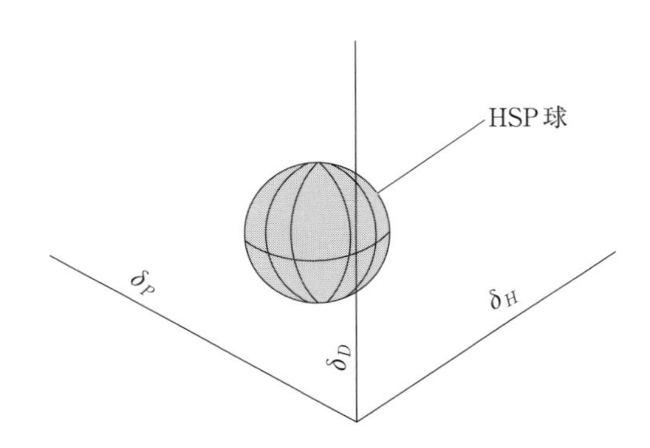

図 2.10　Hansen の溶解パラメーター球（HSP 球）

りの程度を式（2.7）で表現した．ここで R_a は物質間の溶解性パラメーター間距離（solubility parameter distance）という．

$$(R_a)^2 = 4(\delta_{D2} - \delta_{D1})^2 + (\delta_{P2} - \delta_{P1})^2 + (\delta_{H2} - \delta_{H1})^2 \tag{2.7}$$

ここで，添え字1は高分子，添え字2は溶媒を意味する．そして当該の高分子の溶媒への溶解性を評価する尺度として，式（2.8）による評価を行う．

$$RED = \frac{R_a}{R_0} \tag{2.8}$$

ここに，R_0 とは溶解性球の半径（radius of solubility sphere，付録4）と呼ばれるもので，それぞれの高分子に定められた値である．これは相互作用半径（interaction radius）とも呼ばれている．またその半径で描かれた球体をHSP（Hansen solubility parameters）球とも呼ぶ．REDは相対的エネルギー差（relative energy difference）とも直訳されるもので，通常RED数と呼ばれている．R_0 については商品名にして450個以上の高分子について，Hansenが表にして示している．無論それら高分子についての，δ_D，δ_P，δ_H の値も示され

表2.9　溶媒に対するHansenの溶解性パラメータの例［MPa］$^{1/2}$（付録3参照）

Solvent	δ_D	δ_P	δ_H	Solvent	δ_D	δ_P	δ_H
Benzene	18.4	0.0	2.0	n-Butyl acetate	15.8	3.7	6.3
Toluene	18.0	1.4	2.0	sec-Butyl acetate	15.0	3.7	7.6
Xylene	17.6	1.0	3.1	Dimethyl phthalate	18.6	10.8	4.9
Ethyl benzene	17.8	0.6	1.4	1,4-Dioxane	19.0	1.8	7.4
Styrene	18.6	1.0	4.1	Chloroform	17.8	3.1	5.7
Decalin (*cis*)	18.0	0.0	0.0	Chlorobenzene	19.0	4.3	2.0
Tetralin	19.6	2.0	2.9	Carbon tetrachloride	17.8	0.0	0.6
Cyclohexane	16.8	0.0	0.2	Methylene dichloride	18.2	6.3	6.1
Methyl cyclohexane	16.0	0.0	1.0	Methanol	15.1	12.3	22.3
n-Pentane	15.6	0.0	0.0	Ethanol	15.8	8.8	19.4
n-Hexane	14.9	0.0	0.0	n-Propanol	16.0	6.8	17.4
n-Heptane	15.3	0.0	0.0	Ethylene carbonate	19.4	21.7	5.1
n-Octane	15.5	0.0	0.0	gamma-Butyrolactone	19.0	16.6	7.4
n-Nonane	15.7	0.0	0.0	N,N-Dimethyl formamide	17.4	13.7	11.3
Acetone	15.5	10.4	7.0	N,N-Dimethyl acetamide	16.8	11.5	10.2
Methyl ethyl ketone	16.0	9.0	5.1	Dimethyl sulfoxide	18.4	16.4	10.2
Methyl isobutyl ketone	15.3	6.1	4.1	Tetramethylene sulfoxide	18.2	11.0	9.1
Cyclohexanone	17.8	6.3	5.1	Water	15.5	16.0	42.3
Ethyl acetate	15.8	5.3	7.2				

850個以上の溶媒について示されている．

表 2.10 高分子の溶解パラメーター(HSP)と溶解性球の半径 R_0 の例商品名の形で450個以上の高分子について示されている.(付録2, 4参照)*

高分子	[MPa]$^{1/2}$			
	δ_D	δ_P	δ_H	R_0
ポリスチレン(PS)	18.10	5.90	6.90	5.3
ポリ塩化ビニル(PVC)	17.10	7.80	3.40	8.2
ポリメチルメタクリレート(PMMA)	18.10	10.50	5.10	9.6
ポリビニルアルコール(PVA)	11.20	12.40	13.00	12.1
ポリイソプレン	17.00	4.00	4.00	7.3
ポリアクリロニトリル(PAN)	21.70	14.10	9.10	10.9
ナイロン66	16.00	11.00	24.00	3.0
ポリエチレンテレフタレート(PET)	18.00	6.20	6.20	4.8
エポキシ樹脂(EPIKOTE 828)	16.30	16.40	1.90	16.7
天然ゴム(NR)	20.80	1.80	3.00	14.0
フェノール樹脂	19.80	7.20	10.80	12.8
ユリア樹脂	20.90	18.70	26.40	19.4
ポリカーボネート(PC)	19.10	10.90	5.10	12.1

* C. M. Hansen : Hansen Solubility Parameters (2000)

表 2.11 Hansenの溶解パラメーターの判定基準

$RED=0$	両者は親和性が高く溶解する
$RED<1.0$	親和性が高く，溶解あるいは膨潤しやすい
$RED=1.0$	親和性は低く溶解の限界点
$RED>1.0$	親和性がない

ている．また，溶媒の同様な値も800個以上について示されている．これらの値が具体的にどのように導き出されたのか，Hansenの成書に記述されているので，興味のある方はそちらを参照されたい．ともかく膨大なデータをベースにした方法であることは間違いがないが，それらのデータの詳細について考察することはきわめて難しい．ここでは，それらのデータを信頼することにして，Hansenの溶解パラメーターの使用法を解説したい．式(2.7)を使って R_a を計算するには溶媒と高分子の溶解パラメーターがわからなければならないが，それらの値の例は表2.9，表2.10に示されている．こうして求められたREDから，表2.11の基準に従って判定を下す．

溶媒の各δ値が高分子を中心としたHSP球の中に入れば，その溶媒で当該高分子は溶解するであろう，ということである．つまり，分散力成分，極性成分，水素結合成分の3種の因子が高分子と溶媒の間に程よい関係にないと溶解は成立しないということを意味する．具体的な例を，二次元表示ではあるが

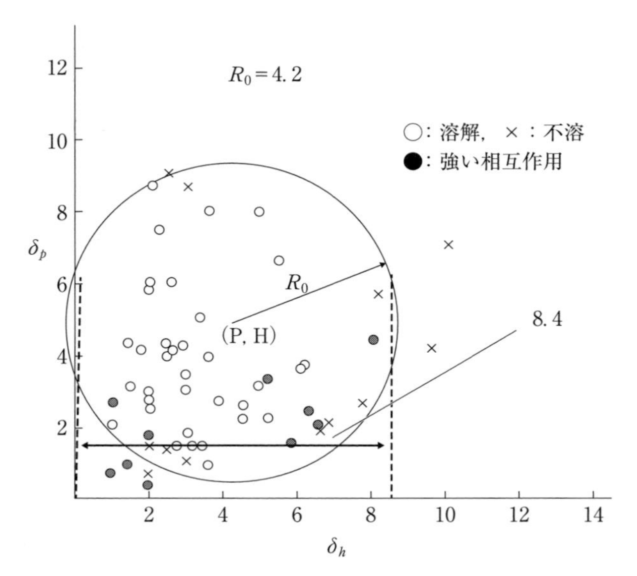

図 2.11　PMMA の HSP 球 $[\mathrm{cal/cm^3}]^{1/2}$（文献 13, p.44）
（表 2.9，2.10 とは単位が異なる）

PMMA とポリスチレンの場合を図 2.11，図 2.12 に示す．多くの溶媒について試験した結果である．HSP 球の中にあると考えられる二次元表示の円内にある溶媒は，多くは当該高分子を溶解するが，例外も数多くあることがわかる．逆にいえばこの程度の精度の溶解性予測でも有用と考えた場合に，本法を利用することである．一応 R_0 値より大きくなると，溶媒としては適当でないといえる．

［計算例］　ポリカーボネートへの適用例（$\delta_D=19.1$, $\delta_P=10.9$, $\delta_H=5.1$）

1）　o-キシレンの場合（$\delta_D=17.8$, $\delta_P=1.0$, $\delta_H=3.1$）

$$(R_a)^2=4(19.1-17.8)^2+(10.9-1.0)^2+(5.1-3.1)^2=108.7$$

$$R_a=10.4,\ R_0=12.1,\quad RED=\frac{10.4}{12.1}=0.86<1.0$$

o-キシレンはポリカーボネートに対して親和性が高く，溶解あるいは膨潤させる溶媒である．

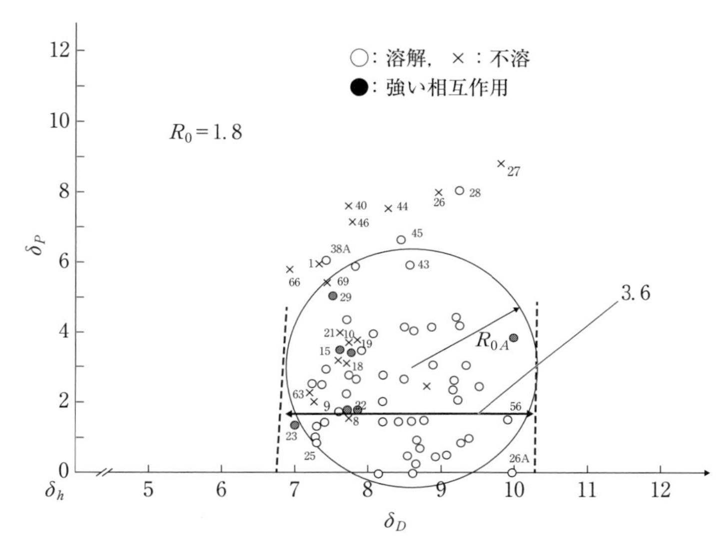

図 2.12　ポリスチレンの HSP 球 [cal/cm^3]$^{1/2}$　（文献 13, p.48）
（表 2.9，2.10 とは単位が異なる）

2)　エタノールの場合（δ_D=15.8，δ_P=8.8，δ_H=19.4）

$$R_a=15.9,\ R_0=12.1,\quad RED=\frac{15.9}{12.1}=1.31>1.0$$

エタノールはポリカーボネートに対して親和性がなく，溶媒として適さない．

なお，Hansen の著書では高分子のR_0は商品名に対して示されている．しかも，2000 年発行の著書と 2007 年発行のそれでは数値が異なっている場合が多い．実用に当たっては，この辺を十分考慮して使用されることを望む．

2.6　溶解パラメーターの温度依存性

溶解性パラメーターの温度依存性は蒸発熱の温度変化の効果だけであるから，非常に小さいことが予想される．Hildebrand によれば温度依存性に関して式（2.9）が提案されている（文献 1，p.434）．

$$\frac{d\ln\delta}{dT}\approx -1.25\alpha \tag{2.9}$$

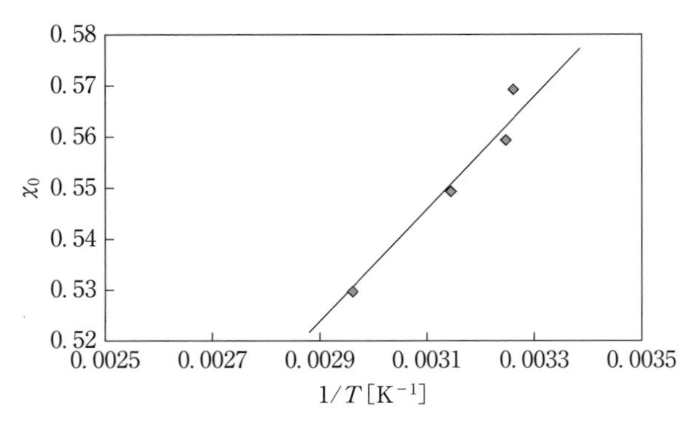

図 2.13 カイパラメーターの温度依存性（ϕ_2=0.2）．ポリスチレン - シクロヘキサン系（Polymer Handbook, Ⅶ, p. 260, Wiley Interscience (1999)）

ここに，αは体積膨張係数である．液体の体積膨張係数は非常に小さく，2×10^{-4}程度であるから，溶解パラメーターの温度依存性は小さい．このため温度が異なる場合も，あまり温度を気にすることなく溶解パラメーターを使用してよいことになる．ところが，Huggins-Flory のカイパラメーターにおいてはかなりの温度依存性がある．たとえば，ポリスチレン - シクロヘキサンの系では図 2.13 のようにカイパラメーターにはかなりの温度依存性（Tは絶対温度）があり，式（2.10）で表せる．

$$\chi_0=\frac{120}{T}+0.174 \tag{2.10}$$

また，臨界温度θも無極性と思われる系においてさえ，かなり変化がある．確かに，カイパラメーターの内容の中にはエントロピー項の因子が含まれているという議論があり，その分離法も提案されている．しかし，エントロピー項はもともと温度依存性が小さい．これらのことから式（2.9）で与えられる温度依存性はあまり信頼できない．これは，多くの場合分子間力が完全なファンデルワールス力の寄与だけでは説明できないためと思われる．特に水酸基やアミノ基を考慮に入れた系ではとても式（2.9）のような取り扱いはできない．非常に極端な場合であるが，エタノールと水の系での混合のエンタルピーは図 2.14 のようになり，いかに温度依存性が大きいかがわかる．この場合，温度依存性は式（2.11）で表すことができる．

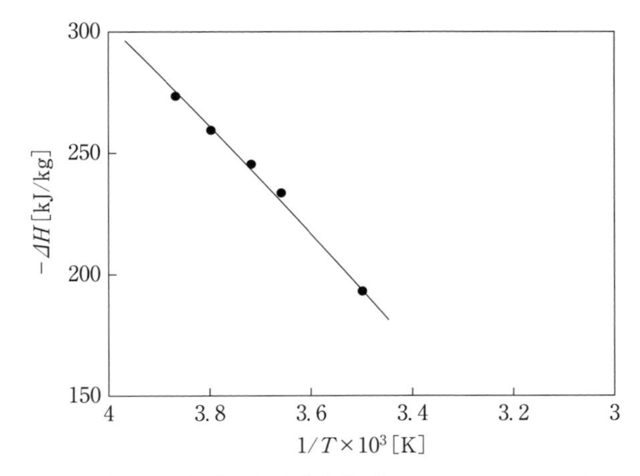

図 2.14　エタノールの水への溶解熱の温度依存性（エタノール：20wt%）．Web 上のデータをプロット（詳細不明）

$$\Delta H = 579 - 221\cdot\frac{10^3}{T} \tag{2.11}$$

これらの事実から，溶解パラメーターの温度依存性は式（2.9）で表すことは適当でないが，それに代わる式も提案されていない．温度の異なる場合の溶解パラメーターは通常示されている値とは異なることは間違いない．しかし，溶解のエンタルピーは，2つの溶解パラメーターの差で表現されるので，温度依存性についてはあまり厳密に考える必要はないように思える．実際，溶解パラメーターの温度依存性について触れた記述は Hildebrand の著書以外見当たらない．

2.7　混合溶媒や共重合体の溶解パラメーター

単純な材料の溶解パラメーターはモル引力定数のような方法で推定しても問題なかった．しかし，現実には混合溶媒を使うこともあるし，また今日では単一のモノマーから構成される高分子だけを考えるのも現実的ではない．このような場合の考え方としては，以下の2つの近似法が考えられる．

$$\delta_m^2 = \phi_1\cdot\delta_1^2 + \phi_2\cdot\delta_2^2 \tag{2.12}$$

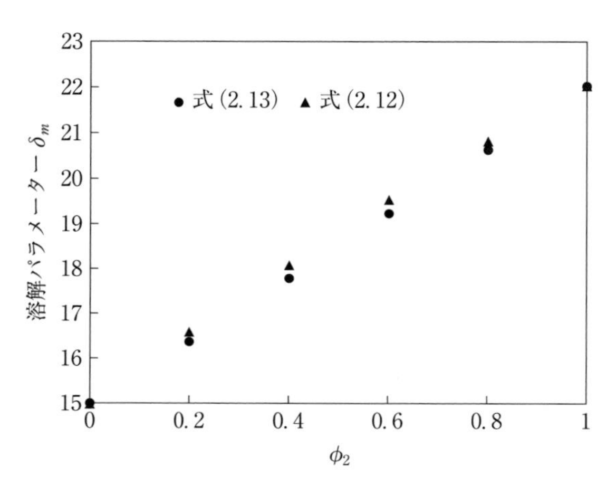

図 2.15　共重合体の溶解パラメーター（δ_m）の予測値

$$\delta_m = \phi_1 \cdot \delta_1 + \phi_2 \cdot \delta_2 \qquad (2.13)$$

ここに，添え字 m は混合物あるいは共重合体の値を示す．添え字 1,2 は成分 1 および 2 を示す．式（2.13）がよいという説もあるが，δ の定義から考えると，式（2.12）の方がより合理的と思われる．2 つの成分の溶解パラメーターが $\delta_1=15.0$ および $\delta_2=22.0$ のときの場合を計算してみると，図 2.15 のようになって，両者の間にそう大きな違いはないので，どちらを採用しても大きな問題はないように思える．ともかく混合物や共重合体の扱いは厳密には難しい問題であるので，自分で妥当と思われる方法を選んで決めるしかない．共重合体にもランダム共重合体，ブロック共重合体などがあり，また立体規則性などの問題もあるが，現状ではそれらの区別を論ずるほど，この方法の精度は高くない．

2.8　溶解パラメーターの実験的な求め方

溶解パラメーターの値については低分子化合物や高分子についてすでに多くの値を示してきた．しかし，それらはどちらかというと文献値であり，絶対的に信頼できる値ではない．自分で独自に合成した高分子や複雑な高分子についての溶解パラメーターを得たい場合もある．そのようなときは以下に示すような方法で実験的に溶解パラメーターを求めることが可能である．

表 2.12 有機溶媒の蒸発のエンタルピー(25°C)

化合物	分子容[cm^3]	ΔH_v[kJ]	δ[MPa]$^{1/2}$
Carbon tetrachloride	97	32.8	17.6
n-Heptane	147	36.6	15.2
n-Octane	164	41.5	15.4
n-Hexadecane	295	80.8	16.4
Cyclohexane	109	33.1	16.8
Benzene	89	33.9	18.7
Toluene	107	38.0	18.2
Chloroform	81	31.8	19.0
1,2-Dichloroethane	79	34.3	20.0
Pyridine	81	41.2	21.9

2.8.1 低 分 子

溶解パラメーターの値は分子容積と蒸発熱または蒸発のエンタルピーから求めるのが最も基本的に信頼のおける方法である．Hildebrand がその著書の巻末（文献 1, APPENDFIX I）に掲げている例を表 2.12 に示しておく．しかし，蒸発のエンタルピーの正確な値は限られた溶媒にしか得られていない．このためいろいろな工夫がなされている．式（2.14）は溶媒の沸点から 25℃ における蒸発のエンタルピー [J/mol] を推定[13] して式（2.1）から溶解パラメーターを求めようとしている例である．

$$\Delta H_{298} = -12343 + 99.2T_b + 0.084T_b^2 \qquad (2.14)$$

ここに添え字 b は沸点 [K] を意味する．

[計算例] ベンゼンの溶解パラメーター

式（2.1）を使用

$$\delta = \left(\frac{33.9 \cdot 10^3 - 8.314 \cdot 298}{89}\right)^{1/2} = 18.7(\mathrm{MPa})^{1/2}$$

2.8.2 高 分 子

(1) 濁度法[14]

高分子の溶解パラメーターは実用上重要であり，また上記の方法では求められないので，多くの試みが行われている．ここにいくつかの方法を紹介する．以下の方法は混合溶媒を用いる方法で，しばしば採用されている．Huggins-Flory の式によれば，カイパラメーター χ_0 は近似的に式（2.15）で表せる．

$$\chi_0 = \frac{1}{Z} + \frac{V_1(\delta_1 - \delta_4)^2}{RT} \tag{2.15}$$

ここに添え字 1,4 はそれぞれ溶媒と高分子を意味する．Z は配位数と呼ばれる．V_1 は溶媒のモル容積である．2つの混合溶媒で，白濁点があったとすれば，その点では両者のカイパラメーターは一致するはずであるから，式（2.15）の考え方から，式（2.16）が成立する．

$$\sqrt{V_{ml}}(\delta_4 - \delta_{ml}) = \sqrt{V_{mh}}(\delta_{mh} - \delta_4) \tag{2.16}$$

Z は系全体で変わらないから，省略できる．
式（2.16）を変形すると，式（2.17）になる．

$$\delta_4 = \frac{\sqrt{V_{ml}}\delta_{ml} + \sqrt{V_{mh}}\delta_{mh}}{\sqrt{V_{ml}} + \sqrt{V_{mh}}} \tag{2.17}$$

ここに，添え字 ml は高分子の予想される溶解パラメーターより低い溶解パラメーターをもつ非溶媒，たとえばポリスチレンのトルエン溶液に対しては，n-ヘキサンが相当する非溶媒となる．添え字 mh は予想される溶解パラメーターより高い溶解パラメーターをもつ非溶媒を示し，この系ではアセトンがそれに相当する．V は溶媒のモル当たりの体積になる．V_m は混合溶媒のモル当たりの体積であり，式（2.18）のように表現される．N はモル数である．

$$V_m = \frac{N_{1V_1} + N_{2V_2}}{N_1 + N_2} = \frac{1}{\dfrac{\phi_1}{V_1} + \dfrac{\phi_2}{V_2}} = \frac{V_1 V_2}{\phi_1 V_2 + \phi_2 V_1} \tag{2.18}$$

δ_m は混合溶媒の溶解パラメーターで，ここでは式（2.13）を使用している．また，m は ml，mh の両方の場合を意味する

［計算例］ ポリスチレンをトルエンという良溶媒に溶解させておき，これに n-ヘキサンで滴下して白濁点を求めた場合（混合溶媒の割合）と，アセトンで滴下して求めた白濁点（混合溶媒の割合）からポリスチレンの溶解パラメー

ターを求める例.

ポリスチレンの0.3 g/100 mL トルエン溶液に n-ヘキサンを滴下する．このときに白濁した点の組成は$\phi_1=0.43$, $\phi_2=0.57$であった．このときの各値は以下のとおりである.

$V_1=106.9$ [mL/mol]

$V_2=131.6$ [mL/mol]

$\delta_1=8.98$ [cal/cm^3]$^{1/2}$

$\delta_2=7.29$ [cal/cm^3]$^{1/2}$

$\delta_{ml}=0.43\times8.98+0.57\times7.29=8.02$

$$V_{ml}=\frac{106.9\times131.6}{0.43\times131.6+0.57\times106.9}=119.7$$

同じポリスチレンのトルエン溶液にアセトンで滴下したときは，$\phi_1=0.14$, $\phi_3=0.86$で白濁した.

このときの各値は以下のとおりである.

$V_1=106.9$ [mL/mol]

$V_3=74.0$ [mL/mol]

$\delta_1=8.98$ [cal/cm^3]$^{1/2}$

$\delta_3=9.81$ [cal/cm^3]$^{1/2}$

$\delta_{mh}=0.14\times8.98+0.86\times9.81=9.70$

$$V_{mh}=\frac{106.9\times74.0}{0.14\times74.0+0.86\times106.9}=77.3$$

$$\delta_4=\frac{\sqrt{119.7}\times8.02+\sqrt{77.3}\times9.70}{\sqrt{119.7}+\sqrt{77.3}}=8.77\,[\mathrm{cal/cm^3}]^2=17.9\,[\mathrm{MPa}]^{1/2}$$

得られた値は使用する溶媒や非溶媒によってかなり変わる．特に非溶媒の影響が大きい．いろいろな溶媒にポリスチレンを溶解させたときの場合，以下のような値が得られている.

メタノール-n-ヘキサンの系　18.4 [MPa]$^{1/2}$

アセトン-n-ヘキサンの系　17.9 [MPa]$^{1/2}$

このときのばらつきの標準偏差はそれぞれ0.2 [MPa]$^{1/2}$であった.

(2) 溶液粘度法[15)]

高分子溶液の粘度は高分子の存在が確認された当初から分子量を推定するのに使われてきた．これは極限粘度が分子量に関係するということから発生している．溶液粘度は通常図2.16に示されるようなウベローデ型粘度計を使って得られる極限粘度から求められる．極限粘度とは比粘度を溶液濃度で割った値を，図2.17に示されるように，濃度ゼロに外挿したときの値である．極限粘

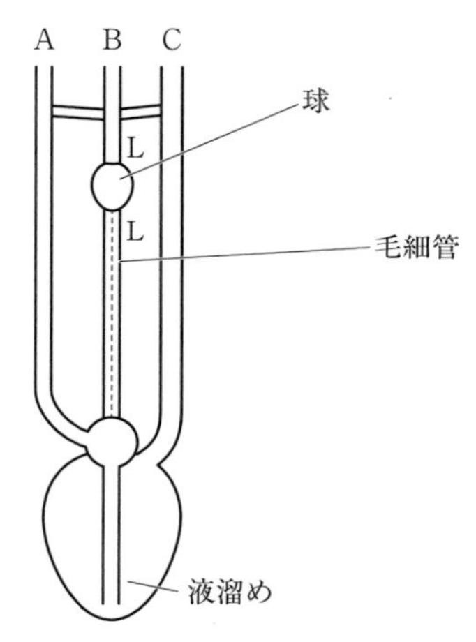

図2.16 ウベローデ型粘度計
L：印あり

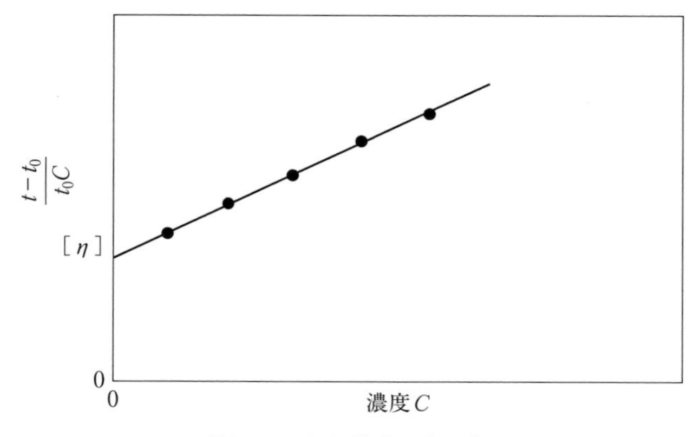

図2.17 極限粘度の求め方

度$[\eta]$は式（2.19）で表せる．この値は通常100 mL/gの単位で表示されている．

$$[\eta]=\lim_{C\to 0}\frac{\eta_{sp}}{C}=\lim_{C\to 0}\frac{\eta-\eta_0}{\eta_0 C}=\lim_{C\to 0}\frac{t-t_0}{t_0 C} \tag{2.19}$$

ここに添え字0は溶媒を示す．ηは粘度であり，tは液体の球体内の液体の落下秒数，Cは濃度（g/100 mL）である．このため実際の粘度は扱わず，ストップウォッチで溶媒と溶液の落下秒数を計測するだけで，極限粘度は求まる．極限粘度は高分子の溶液内の広がりと次の関係があることが知られている．

$$[\eta]=\frac{K<S^2>^{3/2}}{M}=\frac{V}{M} \tag{2.20}$$

Kは定数であり，Mは分子量，Vは高分子の体積である．$<S^2>^{1/2}$は溶液内での高分子1分子の慣性半径を表している．このため，溶液粘度を測定すれば溶液内での広がりの大きさがわかる．良溶媒であればこの値は大きくなるであろうし，貧溶媒であれば小さな値になるはずである．そのことは極限粘度に直接反映されることになる．つまり極限粘度を測定することによって，溶解パラメーターが予測できることを意味する．ポリ-1,3-ジオキセパン（$-O-CH_2-O-(CH_2)_4-)_n$という高分子について粘度測定をした結果[15]が，図2.18に示されている．この高分子はポリオキシメチレンとポリオキシテトラメチレン

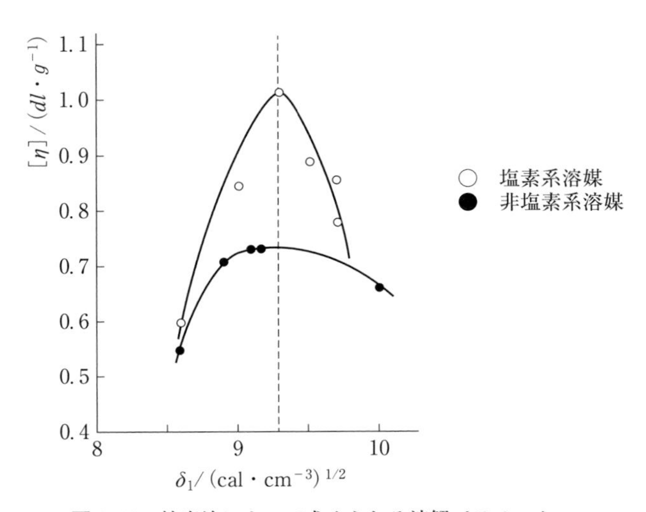

図2.18　粘度法によって求められる溶解パラメーター

の交互共重合体であるが，全体として，この高分子の溶解パラメーターはいくらであるか実験的によく示されている．結果は以下のとおりである．

$$\delta=9.2\left(\frac{\mathrm{cal}}{\mathrm{cm}^3}\right)^{1/2}=18.8\,(\mathrm{MPa})^{1/2}$$

溶液内での高分子の広がりは，無論光散乱法でも正確に求めることができる．しかし，溶液粘度を用いる方がはるかに容易に測定できる．

(3) 溶媒吸収効果[16)]

高分子に気体状態の溶媒を吸収させることによって，その吸収量を測定すれば溶解パラメーターの予測が可能である．あるいは溶媒吸収後の物性を計測すれば高分子の溶解パラメーターの予測が可能となる．ここでは以下の方法で溶媒吸収後の高分子試験片の力学試験を行ってその値を予測した例を紹介する．

ポリカーボネートを射出成形によってJIS K 7113の1号形に成形した．これを図2.19に示すガラス容器内で各種溶媒について飽和状態になるまで放置したのち，通常の引張り試験を行った．その結果の一例を図2.20に示す．このときの降伏点強度と溶媒の溶解パラメーターの関係を示したのが図2.21である．

図に示されるように溶媒の溶解パラメーターが18.8$(\mathrm{MPa})^{1/2}$のときに降伏点強度が最も小さくなるので，この値がポリカーボネートの溶解パラメーター

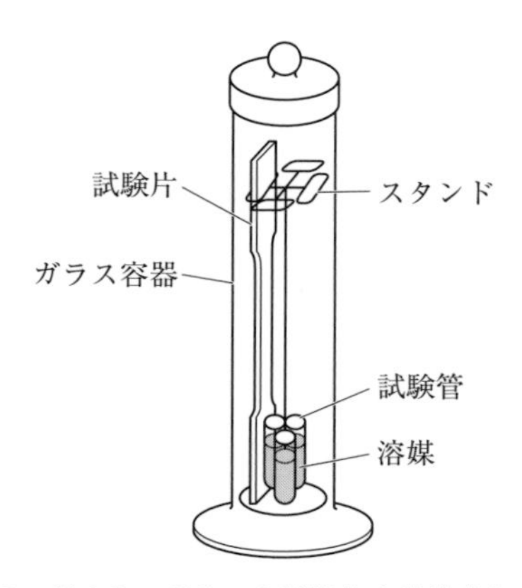

図2.19 ポリカーボネート試験片を溶媒蒸気に暴露

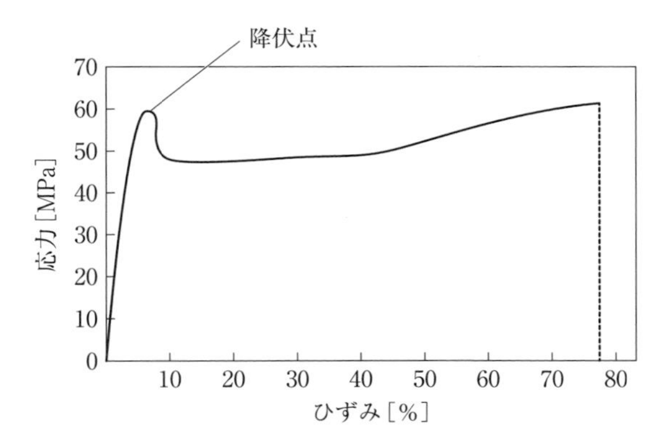

図 2.20　ポリカーボネートの典型的な応力-ひずみ曲線

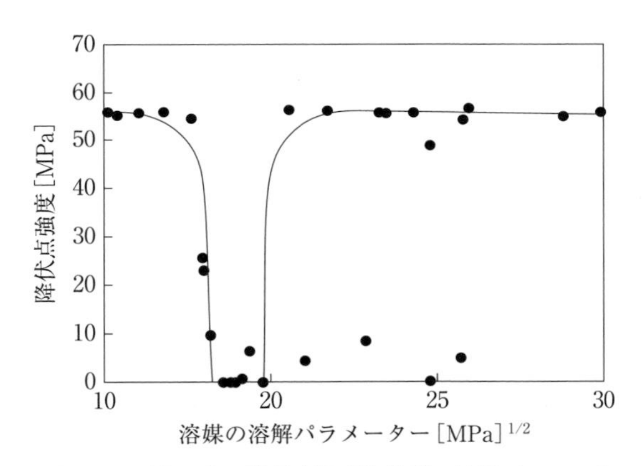

図 2.21　ポリカーボネートの降伏点強度と溶媒の溶解パラメーターの関係

であることが結論できる．また，溶媒の吸収率を測定してもこの溶解パラメーターの当たりで最も大きくなることが明らかになった．ただ，この他にいくつかの溶解パラメーターの当たりで降伏点強度が非常に低下した．これは，表2.13に示されるように，ポリカーボネート分子内の特定官能基の溶解パラメーターに対応することが示された．このことから，構成官能基に対応する溶解パラメーターの位置で溶媒吸収量が個々に増加するが，全体としてはすべての構成官能基に関与する溶媒がポリカーボネートの溶解パラメーターであると解釈できる．

表 2.13 降伏点強度が低下する溶解パラメーター値とポリカーボネートの構成官能基の関係

官能基	溶解パラメーター[MPa]$^{1/2}$
$-C_6H_4-O-$	δ=21.3
$-C_6H_4-O-C(=O)-$	δ=22.9
$-O-C(=O)-O-$	δ=23.4
$-C(=O)-O-$	δ=25.8

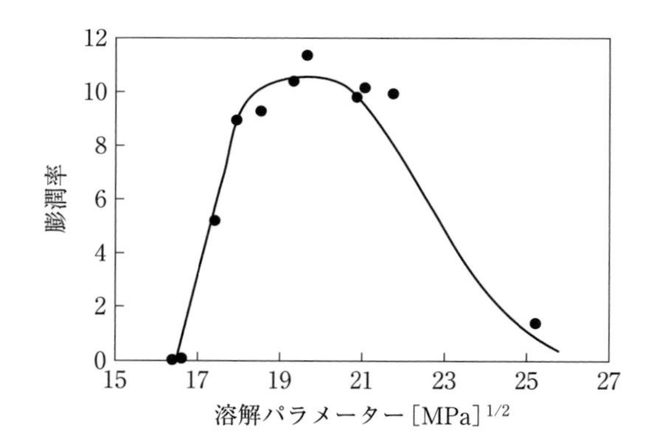

図 2.22 ポリメチルメタクリレートの膨潤率と溶媒の溶解パラメーターの関係.

$$膨潤率=\frac{吸収溶媒[mL]}{ポリマー[g]}$$

$$-O-C_6H_4-C(CH_3)_2-C_6H_4-O-C(=O)-$$

ポリカーボネート

(4) 膨潤率

溶媒を前述のような気体状態ではなく溶媒自身の中に高分子を浸漬して，重量を測定して，溶媒の吸収割合から膨潤率を求める方法[17,18]がある．この方法はきわめて簡単である．多くの場合高分子をそのまま用いるが，ある場合は1%以下の架橋剤を添加して重合した後，膨潤率を求めることも行われている．ポリメチルメタクリレートの例を図2.22に示す．実際，図2.22では真のピーク位置を判定し難く，溶解パラメーターの値はある幅を考えざるを得ない．この研究[18]ではその範囲はモル引力定数を使うSmallの方法を含めて18.2〜19.0 MPa$^{1/2}$と推定している．

2.9　溶解パラメーターでは扱えない系

溶解パラメーターはその式が示すように，溶解のエンタルピーがゼロまたは正である系しか考えていない．つまり，内部エネルギーが増加する系である．したがって，負である系，つまり混合したときに熱が出る系は初めから対象外にしている．通常高分子と溶媒を混合したとき発熱するか吸熱するか気に留めていない．しかし，これは溶解に対しては最も敏感でなければならない．

溶解ということを考えるとき，これは重要で硫酸や塩酸を水に溶かすと大きな発熱を伴う．これはエンタルピーでいえば大きな負であることを示す．つまり，内部エネルギーが減少して，その分熱が放出されてくることを意味する．逆に塩化カリウムや食塩は溶解の際系の温度は下がる．これはエンタルピーでいえば，正の系である．このためエンタルピーで考えれば溶解しない系になるが，エントロピーが関係しているので，この場合でも溶解する．しかし，このような系は砂糖が水に溶けるような程には溶解性は高いわけではなく，ある濃度で飽和値に達する．これは溶解のエンタルピーが大きな正であるためである．

溶解のエンタルピーが負である系は，非結晶性高分子では溶解することがあたりまえであるから，溶解性を議論する必要性がなく，溶解のエンタルピーが正である系だけを対象にすればよい．このために，通常の場合溶解パラメーターだけで溶解性を論じても何らおかしくない．ところが，結晶性高分子の場合は，たとえばポリアミド（ナイロン6）を考えてみる．通常の溶解パラメーターの考えでいけば，たとえばナイロン6は$\delta \approx 21\,[\mathrm{MPa}]^{1/2}$であり，アセトンは$\delta \approx 20.3$ [MPa]$^{1/2}$であるから，ナイロン6はアセトンに溶解するはずである．ところが，そのようなことは起こらず溶解しない．ナイロン6は結晶性であり，融解熱が26 kJ/mol unitもあるため，溶媒と高分子の間の溶解の自由エネルギーが負の値であっても，融解熱の巨大な正のエンタルピーのために溶解しない．このような系では溶解パラメーターの議論は意味がなくなる．つまり結晶性高分子では巨大な融解熱のために室温付近で溶解させる溶媒はなかなか存在しない．

ところがこのような結晶性高分子を溶解させる溶媒があるので，紹介する．原理は簡単である．高分子の融解熱を超える負の溶解のエンタルピーが生ずる溶媒があればよいのである．いい換えれば，溶解に伴って大きく発熱する溶媒があればよい．その溶媒は正式名をヘキサフルオロイソプロパノール（1,1,1,3,3,3-Hexafluoro-2-propanol）と呼ばれるフッ素系溶媒である．その構造式を図2.23に示す．

非常に高価な溶媒であるが，ナイロン類（ポリアミド），ポリアセタール，ポリエチレンテレフタレートなどはこの溶媒に室温で溶解することを著者は確認している．おそらく酸素原子を含む多くの極性の高い結晶性高分子に対してはかなり有効と考えられる．これら高分子の分子構造は図2.24に示されているように，いずれも水素結合を形成するような分子構造を有している．このため上記のフッ素系溶媒と強烈な水素結合を形成する．そして結晶の融解エネルギーを超える負のエンタルピーによって，全体の溶解の自由エネルギーが負となって溶解するものと思われる．このような溶媒が出現するまではナイロンを室温で溶解するには発煙硫酸か濃硫酸を使用しなければならなかった．このため粘度法で分子量を測定するにも，そのような溶媒を用いなければならず，危険でもあり大変な苦労を強いられたものである．

ただ極性の小さい結晶性高分子，たとえばポリエチレンやポリプロピレンに

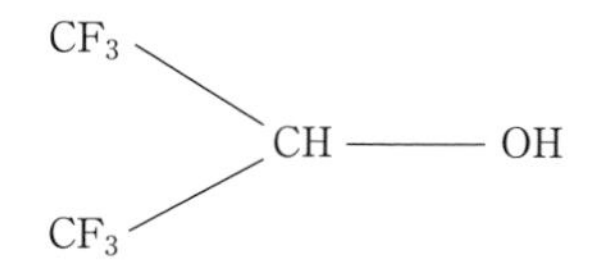

図2.23 結晶性高分子を溶解させる溶媒（沸点59℃）

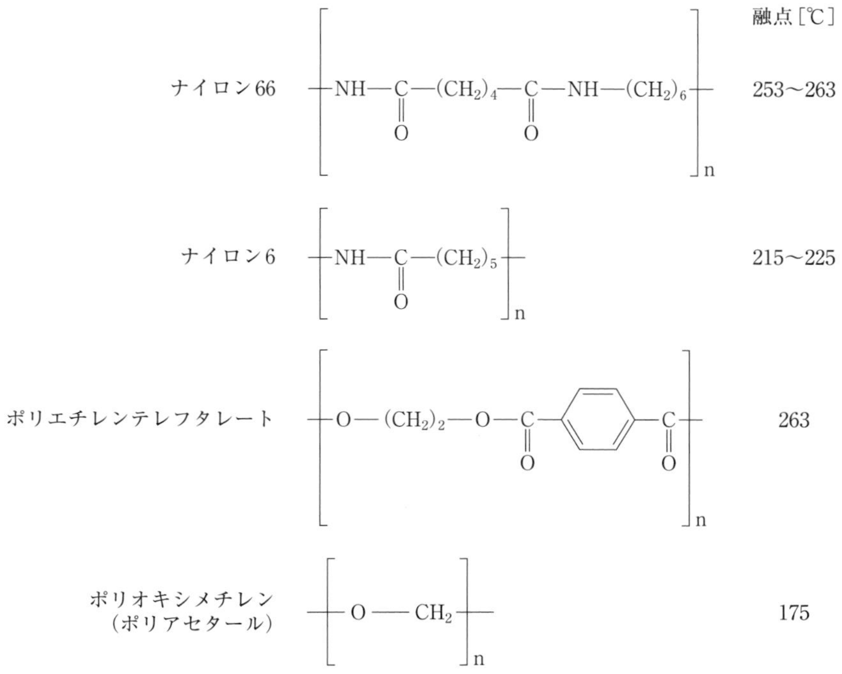

		融点[℃]
ナイロン66	$\left[\mathrm{NH-\underset{\|\|}{\overset{}{C}}(=O)-(CH_2)_4-C(=O)-NH-(CH_2)_6} \right]_n$	253〜263
ナイロン6	$\left[\mathrm{NH-C(=O)-(CH_2)_5} \right]_n$	215〜225
ポリエチレンテレフタレート	$\left[\mathrm{O-(CH_2)_2-O-C(=O)-C_6H_4-C(=O)} \right]_n$	263
ポリオキシメチレン（ポリアセタール）	$\left[\mathrm{O-CH_2} \right]_n$	175

図 2.24　フッ素系溶媒で溶解する高分子の例

は有効な溶媒はない．結晶性ポリプロピレンの融点は 165°C 付近にあって，室温で溶解させる溶媒はない．これが逆に幸いしてポリプロピレンやポリエチレンでできたいわゆるポリタンクが製造されていて，灯油などの容器に使用されている．ポリプロピレンやポリエチレンと灯油はほぼ同じ溶解パラメーターをもっていて，本来なら簡単に溶解してしまって，灯油の容器にはならないはずである．

〈参考文献〉

1） J. H. Hildebrand, R. L. Scott：The solubility of nonelectrolytes, Third Edition, Reinhold Pub. Co., New York（1950）

2） E. A. Grulke：Solubility Parameter Values, Ⅶ 675, Polymer Handbook, Fourth Edition, Edited by J. Brandrup, E. H. Immergut, E. A. Grulke, John Wiley Sons,

Inc., New York（1999）
3）中島章夫，細野正夫：高分子の分子物性 上，p.199，化学同人（1969）
4）小川俊夫：日本接着学会誌，**53**，129（2017）
5）小川俊夫，尾張純夫，大澤敏：高分子論文集，**58**，78（2001）
6）小川俊夫：マテリアルライフ学会誌，**14**，127（2002）
7）P. A. Small：J. Appl. Chem., **3**, 71（1953）
8）K. L. Hoy：J. Paint,. Technol., **42**, 76（1970）
9）R. F. Fedors：Polym. Eng. Sci., **14**, 147（1974）
10）D. W. Van Krevelen：Fuel, **44**, 29（1965）, or D. W. Van Krevelen：Properties of Polymers, Chapter 7, Elsevier（1990）
11）沖津俊直：日本接着学会誌，**29**，204（1993）
12）C. M. Hansen：Hansen Solubility Parameters（Usere's Handbook）, CRC Press, London or New York）（2007 or 2000）
13）J. H. Hildebrand：J. Am. Chem. Soc., **37**, 970（1915）, and **40**, 45（1918）
14）K. W. Suh, D. H. Clarke：J. Polym. Sci., Part A, **5**, 1671（1967）
15）C. Marco, A. Bello, J. G. Fatou, J. Garza：Makromol. Chem., **187**, 177（1986）
16）小川俊夫，嶋本祝，道下征明，峰岸敬一：高分子論文集，**51**，518（1994）
17）D. Mangaraj：Makromol. Chem., **65**, 29（1963）
18）D. Mangaraj, S. Patra, S. Rashid：Makromol. Chem., **65**, 39（1963）

3 相平衡図による溶解性の理解

ここまで議論してきたことは高分子が溶媒に溶けるかどうかを主に分子構造から推定する手段を扱ってきた．このため高分子の分子量などは無視してきた．しかし，分子量が大きいがゆえに高分子の性質が発生するのであるから，分子量を配慮しない溶解性というのは，溶解性についての大まかな推定を行うに過ぎない．溶解性は当然温度にも依存し，温度が高いほど通常は溶解度が高くなる．少なくとも通常の溶解度曲線は上限臨界共溶温度（UCST）をもつから，そのことは当然である．また，同時に溶解度はポリマー濃度にも大きく依存する．濃度が高いからといって溶解性が単調に低下するわけでは決してない．高分子の溶解性は具体的な細かい条件を考えれば，溶解パラメーターのようなものだけでは説明できない．溶解の全体像を把握するには，高分子と溶媒の相平衡図で理解しなければならない．相平衡図は多成分系を扱うときには有機，無機，金属などを問わず非常に重要である．そこで，高分子と溶媒の相平衡図から，溶解性を考察してみたい．

3.1 非結晶性高分子と溶媒の相平衡

結晶性高分子ではまた特別な項目を考えなければならないので，ここでは非結晶性のポリイソブチレンとジイソブチルケトンの系をまず考えてみる．念のためここで扱う高分子の分子構造を図 3.1 に示す．なお，ポリイソブチレンとは通常名であり，正式には Poly（2-methylprop-1-ene）と呼ばれる．ちなみ

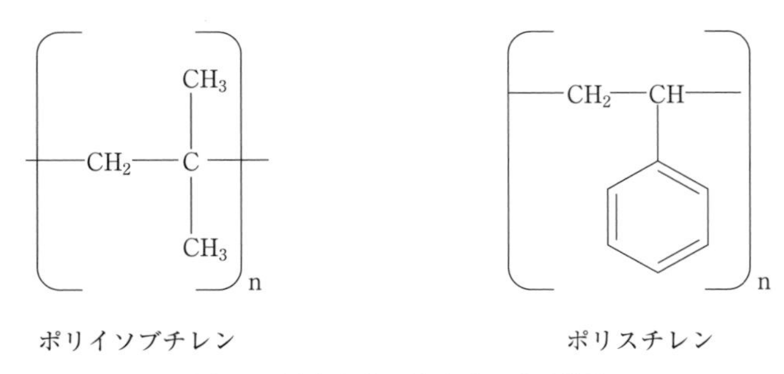

ポリイソブチレン　　ポリスチレン

図 3.1　対象とする高分子の分子構造

にポリイソブチレンの溶解パラメーターの値は 16.2 $MPa^{1/2}$，ポリジイソブチルケトンのそれは 16.0 $MPa^{1/2}$ である．前者は NIMS 物質・材料データベースの Polyinfo から，後者は Polymer Handbook[1] から引用した値である．その他の場所でも，溶解パラメーターの値はこれらのどちらかの資料から引用している．

上記の系で溶液が温度を降下させたときに白濁する温度から相平衡図を作成した．実線の曲線の低温側では二相に分離し，実線の高温側では一相で均一な状態であることを示している．得られた相平衡図[2] は図 3.2 に示されている．図からかなり大きな分子量依存性があることがわかる．たとえば，PBA の試料（$M=2.3\times10^4$）の場合，高分子の体積分率が 0.075（7.5%）あたりが最も溶解性が悪い濃度である．この濃度は，Huggins-Flory の式から予測された濃度とほぼ一致している．また，分子量が 2 倍程度しか差がない PBB（$M=2.85\times10^5$）では PBA とはかなり溶解性に違いがあり，この溶媒だけを使って，温度を変化させて分子量の異なった PB を分別することが可能であることを示唆している．点線は相平衡図を理論的に予測したものである．この方法については後述する．

同様な方法でポリスチレン-シクロヘキサン系についても測定した結果[2] が図 3.3 である．この場合も溶解性に大きな分子量依存性が認められる．溶解パラメーターで高分子の溶解性はおよそ予測できるが，分子量の異なるものでは溶媒への溶解性はかなり違いがあることを注意しておきたい．

図 3.2，図 3.3 に記されている理論曲線について少し述べておかねばならな

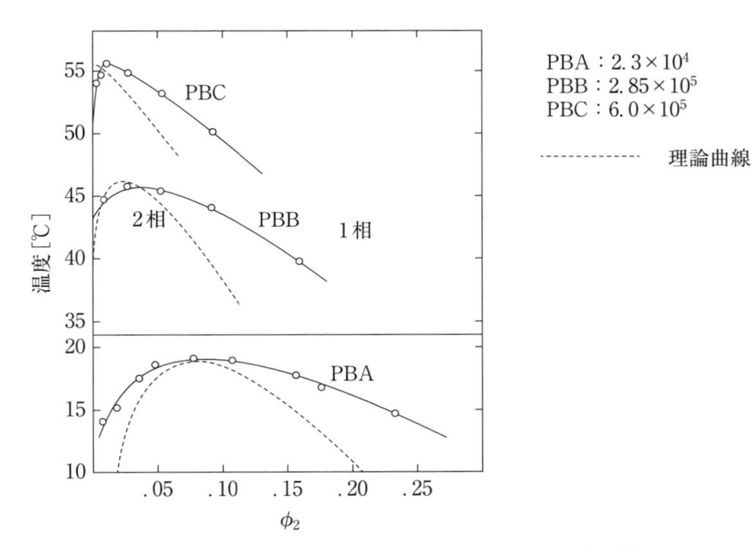

図3.2　ポリイソブチレン-ジイソブチルケトンの相平衡図

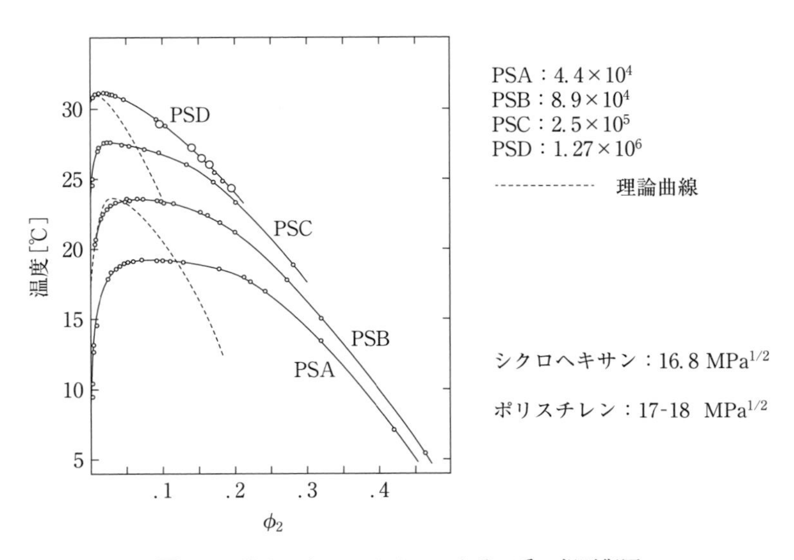

図3.3　ポリスチレン-シクロヘキサン系の相平衡図

い．これらの系は2成分系の平衡状態の式から求められ，その近似解法がFlory[3]によって提案されている．その解法は大略次のとおりである．希薄相と濃厚相の相平衡であるから，熱力学的に次の式（3.1），（3.2）が成立する．ここにダッシュは濃厚溶液を意味する．

$$\Delta\mu_1=\Delta\mu_1' \tag{3.1}$$

$$\Delta\mu_2=\Delta\mu_2' \tag{3.2}$$

これらの式を具体化すると式（3.3），（3.4）が得られる．

$$\ln\left[\frac{1-\phi_2'}{1-\phi_2}\right]+(\phi_2'-\phi_2)\left(1-\frac{1}{x}\right)+\chi_0(\phi_2'^2-\phi_2^2)=0 \tag{3.3}$$

$$\frac{1}{x}\cdot\ln\frac{\phi_2'}{\phi_2}+(\phi_2'-\phi_2)\left(1-\frac{1}{x}\right)-\chi_0(\phi_2'-\phi_2)[2-(\phi_2'+\phi_2)]=0 \tag{3.4}$$

xは高分子の重合度である．

これらを解くに当たって，式（3.5）のようなγを指定することによって，ϕ_2, ϕ_2'を求めている．さらに，カイパラメーターを決定した後，カイパラメーターの温度依存性を適当に仮定して，図の曲線が描かれたようである．

$$\gamma=\frac{\phi_2'}{\phi_2} \tag{3.5}$$

しかし，著者はFloryの原論文を取り寄せて式を確認した後，Floryの説明に従って計算したが，満足できる結果は得られなかった．また，提出されているϕ_2の近似式を用いても満足できる結果は得られなかった．そこで式（3.3）～式（3.5）から誘導された式（3.6）を使って，まずいくつかのγについて，ϕ_2を変数としてカイパラメーター（χ_0）を求めた．その例を図3.4に示す．

$$\chi_0=\frac{(\gamma-1)\left(1-\frac{1}{x}\right)+\frac{\ln\gamma}{\phi_2 x}}{2(\gamma-1)-\phi_2(\gamma^2-1)} \tag{3.6}$$

図3.4を利用して，カイパラメーターの値をわずかずつ変えていくと，図3.5が得られた．これは図3.2のPBAの理論曲線に対応するものである．Floryの原論文[3]においても，縦軸はカイパラメーターで表現されており，カイパラメーターの温度への変換は適当な仮定，たとえば式（1.52）に従って変換した後に描かれたものがFloryの成書[4]に掲載された図と思われる．

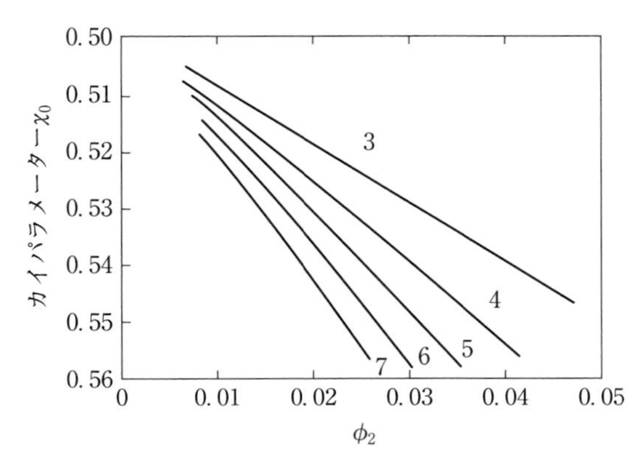

図 3.4　カイパラメーターと高分子の希薄相の体積分率 ϕ_2 および γ の関係（γ の値は図内部に示されている）

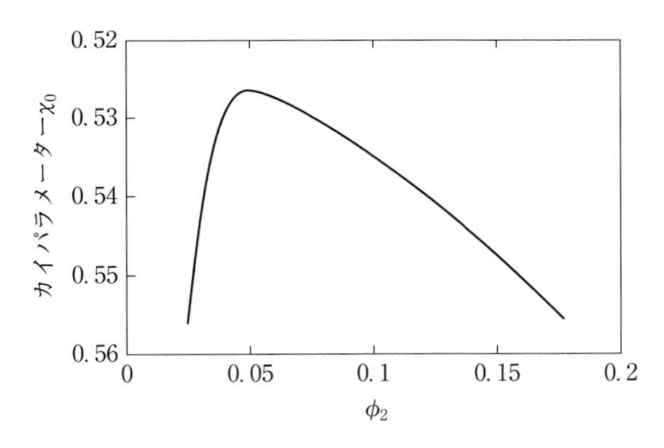

図 3.5　理論から予想されるポリイソブチレン（M=22700）のイソブチルケトンへの溶解度曲線（図 3.2 PBA に対応）

なお，臨界濃度（ϕ_{2C}）は第 1 章に述べたように，$1/x^{1/2}$ で表されるので，この値を頂点として相平衡図を描くことができる．カイパラメーターは相平衡図が示されている範囲では，わずかしか変化しない．実験データを加味して，温度変化に換算すれば，図 3.2 の関係になると思われるが，この辺のことは原論文に記述がないので不明である．ともかく，Flory の著書[4] では縦軸が温度で表現されている．カイパラメーターは第 1 章の式（1.52）で温度依存性が表示されるのが一般的であるから，その式の係数に適当な値を代入して，縦軸を温度に変換して表現したものと思われる．図3.2，図3.3では実験曲線と理論曲線は大まかには一致しているが，十分満足できる状態ではない．当時（1944年頃）はまだ試料の分子量分布がかなり広い試料を扱っていたことが原因なのかも知れない．

3.2　結晶性高分子と溶媒の相平衡

結晶性高分子の系についてはポリエチレンの場合についてはすでに図示してある．復習の意味でさらに，別のポリエチレンの例[5]を図3.6に示す．おのおのの曲線の下側は2相で，上側は1相である．2相とはポリマー固体（結晶）と溶液という意味である．したがって，曲線の位置が溶解度曲線である．溶解度はポリマーの濃度により異なる．あるいは温度により異なるので，溶解パラメーターなどで予測した溶解性は何だろうということになり兼ねない．しかし，結晶性高分子が融点をもつことによってこのような溶解度曲線が発生するものであり，融点がなければこのようなことは起こらない．

結晶性がなければポリエチレンは $\delta=16\sim18$ MPa$^{1/2}$ であるからこれらの溶媒に室温で溶解しているはずである．参考までにここで使用した溶媒の溶解パ

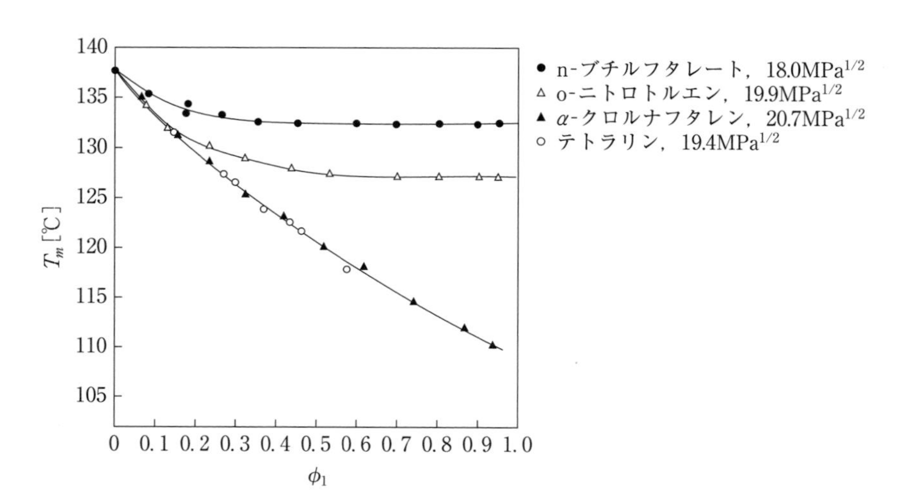

図3.6　高密度ポリエチレン-各種溶媒の相平衡図

ラメーターを示しておいたが，溶解パラメーターの値と溶解度曲線の形状にはあまり関連性がないように思える．これらの曲線を見ると，α-クロルナフタレンとテトラリンが良溶媒で，n-ブチルフタレートとo-ニトロトルエンは貧溶媒と思われる挙動を示すが，溶解パラメーターの値との相関性はない．事実，通常の実験ではポリエチレンを溶解させるのに沸点も考慮してテトラリン(b. p. =207℃，δ=19.4 $\mathrm{MPa}^{1/2}$）を使用するのが常識で，他の溶媒はまず用いない．テトラリンを用いるのはこのような実験事実から考えても妥当である．このため，この現象に対していろいろな考察がなされているが，誰もが納得できる説明はできていない．これは，結晶状態の高分子に溶媒がどのように作用していくかが不明なためである．1つの考えとして，エントロピー項とエネルギー項が含まれるカイパラメーターとの関係を紹介しておきたい．いま分子量50000のポリエチレンで，融解熱が8.06 kJ/unit mol（エチレン単位）と仮定して，カイパラメーターの値が変化したときの様子を見てみると図3.7のようになる．

これであれば図3.6の様子もある程度納得できるように思える．つまり，カイパラメーターの値が大きくなれば溶解性は悪くなってくるので，実験誤差の範囲で図3.6のような図が描かれることも理解できる．いい換えれば，溶解パラメーターはエンタルピー項だけを考慮したアイデアであるが，カイパラメー

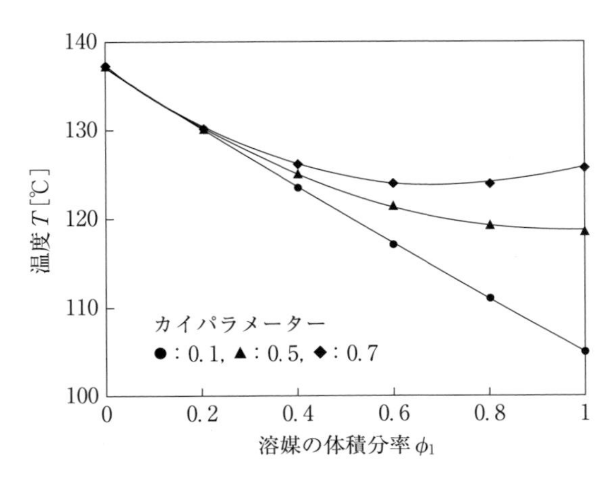

図3.7　カイパラメーターを変化させたときの融点と ϕ_1 の関係（モデル計算結果）

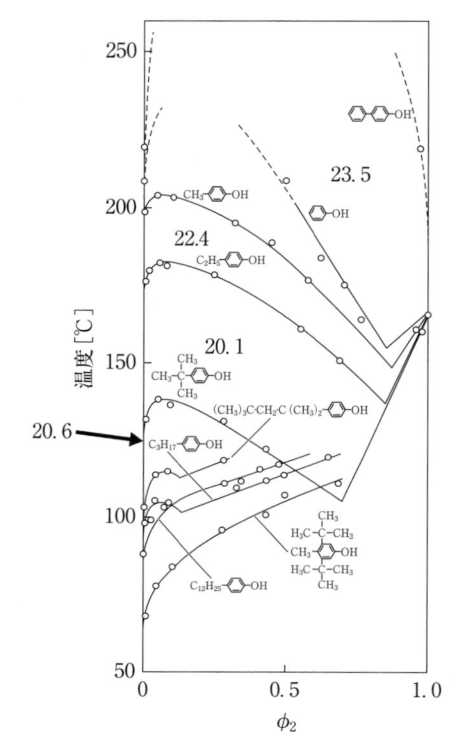

図 3.8　iso-ポリプロピレンとアルキルフェノール類の系における相平衡図（数値は溶解パラメーター，M=28,000）

ターはエントロピー項とエンタルピー項を含んだものであることに由来するため，両者の挙動は一致しないものと思われる．

アイソタクチックポリプロピレン（δ=17～19 MPa$^{1/2}$）では溶媒の種類によっては溶媒による融点が降下する領域と液–液の 2 相平衡状態が観察される．図 3.8 はその例[6]である．

ここに示されたほとんどの溶媒では液–液系の相平衡と固–液系の相平衡が同時存在するので，良溶媒といえる溶媒ではない．なお，結晶性の高分子でも液–液系の相平衡状態では，結晶の効果はないので，アイソタクチックポリプロピレンもアタクチックポリプロピレンも同じ相平衡図が描かれるはずである．

ところで，結晶性高分子の溶解にとって，結晶という因子が如何に大きく寄与しているか具体的な数値で示しておきたい．結晶性高分子の固体とそれが溶

表 3.1　室温付近でポリエチレンがテトラリンへ溶解するときのエネルギー評価

溶解に伴う自由エネルギー変化への寄与	エネルギー[kJ]
ポリマーの容積効果に伴うエントロピーの寄与	−0.72
カイパラメーターの寄与	+0.22
結晶が融解するのに必要なエネルギー	+2.2
溶媒がポリマーの中へ溶解する寄与	≈0

液になった状態が熱力学的に平衡状態になっているときの状態については，第1章で明らかであるが，再度ここで整理して式（3.7）に示す．

$$\mu_2^l - \mu_2^C = RT\cdot\frac{V_u}{V_s}\left[\frac{\ln\phi_2}{x} - \left(1-\frac{1}{x}\right)(1-\phi_2) + \chi_0\cdot(1-\phi_2)^2 + \Delta H_{mu}\cdot\left(1-\frac{T}{T_m}\right)\right] \quad (3.7)$$

ここに，μ_2^l は溶液状態にあるポリマーの自由エネルギー，μ_2^C は高分子の固体の自由エネルギーで，式（3.7）はこれが平衡状態になっている場合は，両者の差がゼロになる．添え字 u は高分子のエチレン単位の値，添え字 s は溶媒，x は重合度を意味する．分子量 50000 の高分子とし，ΔH_{mu} はポリエチレンのエチレン単位の融解熱で，ここでは 8.06 kJ とする．そしてここではポリオレフィンの溶媒としてよく用いられるテトラリンを対象とした場合の，溶解に必要なエネルギーを式（3.7）で算出してみた結果が，表 3.1 である．

ここで，溶解温度は 25°C，溶解濃度は $\phi_2=0.01$ とした．この結果をみると，カイパラメーターの値が 0.3 としたので，結晶の効果がなければ，Huggins-Flory の式が示すように，溶解の自由エネルギーは $-0.72+0.22=-0.50$ kJ となって，溶解するはずである．ところが，結晶の融解に必要なエネルギーが +2.2 kJ もあるので，溶解の自由エネルギーは正（$+2.2+(-0.5)=+1.7$ kJ）になって室温ではポリエチレンはテトラリンに溶解しない．ポリプロピレンでも同じことがいえる．アイソタクチックポリプロピレンは結晶効果のためテトラリンに室温で溶解しないが，アタクチックポリプロピレンであれば結晶はないので，室温でテトラリンに溶解する．また，温度を上げていけば，式（3.7）で明らかなように，結晶の融解熱の寄与は小さくなっていき，ある温度で溶解する．なお，固-液平衡系では式（3.7）で示されるように，固体のケミカルポテンシャルも溶解度曲線に関係してくるはずであるが，この考察についての文献は見当たらない．

3.3 溶解性を利用した分子量分別

高分子は溶媒に溶かされて塗料のような用途に盛んに利用されている．通常は高分子が溶媒に溶けるか溶けないかが重要であるが，溶解性の違いを利用して分子量の異なる試料を得ることにも利用される．ここではその1つの例を紹介したい．

図3.2，図3.3に見られるように，分子量によってかなり溶解性は異なる．市販されている，あるいは重合した高分子はいろいろな分子量の混合物であるので，一定濃度の高分子溶液に対して温度を下げることによって，大きい分子量のものから沈殿してくることが期待できる．通常は温度を一定にしておいて溶媒と非溶媒の割合を変えてやれば，高分子量の部分から沈殿し，低分子量の高分子は溶液側に残る．分別沈殿という方法では，通常非溶媒を加えていきながら，沈殿物を採取する．しかし，これでは共沈という現象があり，分子量分布の狭い試料は得にくい．もう1つの方法として，沈殿物からあるいは固体から溶解する側を採取する方法がある．この方法を分別溶解あるいは溶解分別という．この方法は分液漏斗を利用しても実施可能であるが平衡状態に達しさせるには長時間を要する．同じ原理であるがガラスカラム中で固体粒子に高分子を沈着させて実施すると効率的に分別することができる．以下に具体的方法について述べる．

ここでは結晶性ポリプロピレンについて実施した著者の実験例を紹介する．結晶性高分子での相平衡図は図3.6，図3.8に示す形をとるが，分別するには図3.6のような固-液平衡系では溶解の分子量依存性が小さくて分別は難しい．溶解分別を行うには図3.8の左側の曲線に見られるような液-液平衡系を利用する．したがって，分別温度は160℃以上で行うのが好ましい．こうすると図3.2，図3.3に見られるような非結晶高分子と同じ相平衡状態となり，大きな分子量依存性を利用して分子量分別が可能になる．つまり結晶性ポリプロピレンを融点以上の高温にすれば，完全な良溶媒でない限り，図3.8のような液-液系の相平衡状態になるはずである．

まず，カラム分別を行うには高分子を担体（固体粒子）に沈着させて，固相

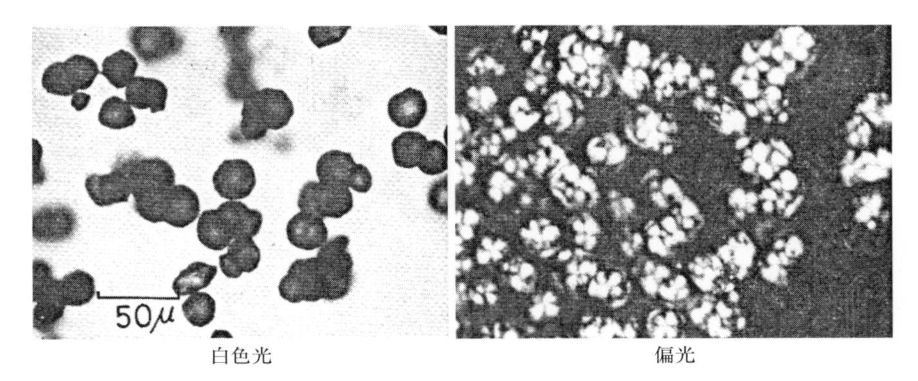

図 3.9　デカリン溶液から沈殿した結晶性ポリプロピレン粒子（3 g/L）（担体上でもほぼ同様な状態で沈着）

を形成させる必要がある．良好な分別を行うにはいろいろな条件が加味されなければならないが，基本は担体上に高分子が小さな粒子になって沈着することである．幸い結晶性高分子は沈殿するとき，図 3.9 のような微粒子[7]となって沈殿することがわかっている．

これによって液-液系の迅速な相平衡が達成されて良好な分子量分別が行えることになる．なお，担体上の高分子微粒子は液-液系の濃厚相になる．結晶性ポリプロピレンの場合，溶媒としてはデカリン（$C_{10}H_{18}$，b.p.＝185°C (trans)）やテトラリン（$C_{10}H_{12}$，b.p.＝206～208°C），非溶媒としてはブチルカルビトール（$C_4H_9(OCH_2CH_2)_2OH$，b.p.＝231°C）が適当である．沈着には非溶媒/溶媒 ≈0～0.2 が適当である．高分子を良溶媒または混合溶媒に溶解した後，担体上に流し込み，徐冷すると高分子は図 3.9 のように担体上に付着する．担体には珪藻土（商品名 Celite 545）を使用する．その後全体を非溶媒に置換した後，昇温して，一定温度に達しさせた後，溶出液の組成中の溶媒割合を徐々に増加させながら，溶出液を分けていく．カラムは一定温度に保たねばならないが，それにはシクロヘキサノール（b.p.＝161°C）や 2-メチルシクロヘキサノール（b.p.＝166°C）の沸点を利用して温度を保持する[8]．こうすると，溶解性の高い低分子量物から溶出してくるので，これに大量のメタノールを加えて高分子を沈殿させて回収する．カラム分別装置の例を図 3.10 に示す．回収高分子について，ゲルパーミエーションクロマトグラフィー（GPC 法）によ

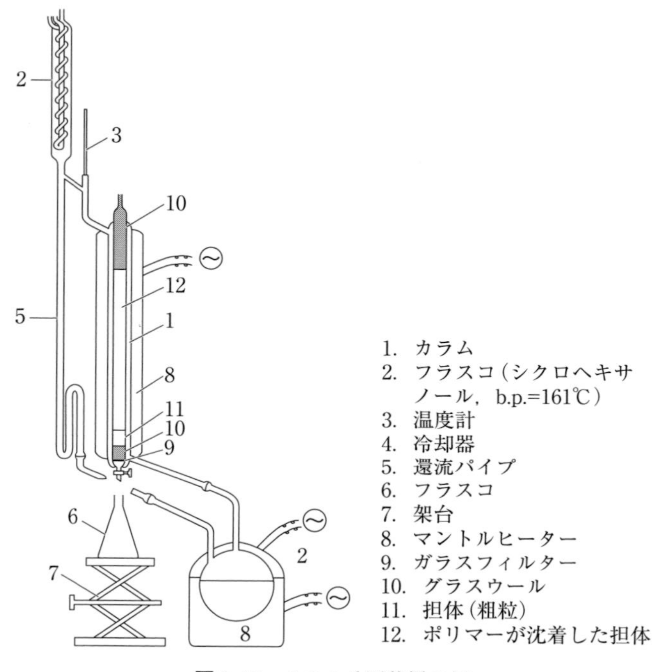

図3.10　カラム分別装置の例

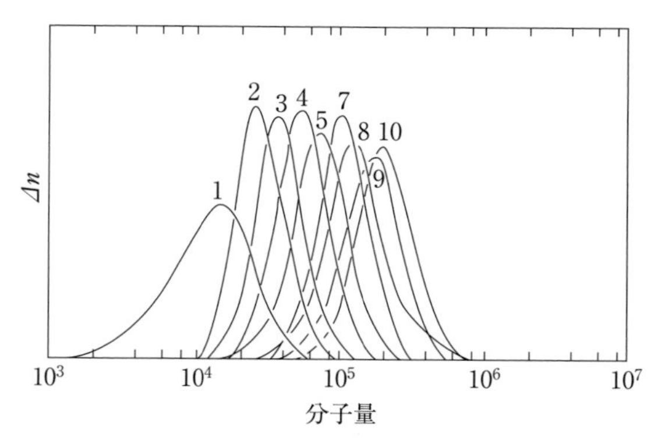

図3.11　分別実験で得られた各フラクションのGPC法によって測定された分子量分布曲線

り分子量分布を測定すると図 3.11 が得られた[9].

このときの分子量分布は $\overline{M_w}/\overline{M_n}$ で表現すると，1.2 である．通常のチーグラー・ナッタ系触媒で重合して得られるポリプロピレンは $\overline{M_w}/\overline{M_n}=3.5\sim5.0$ であるから，分子量分布のかなり狭い試料が得られることになる．分子量が異なり，しかも，分子量分布が狭い試料が得られれば，高分子の多くの基礎研究に利用できる．これらの原理は多くのホモポリマーに適用できる．

ここで取り上げたものはホモポリマーの場合であったが，共重合体でも分離が可能[10-13]である．ただし，共重合体では分子量と組成の両方が関係してくるので，結果が複雑になるのはやむを得ない．

これらの実験結果は，コンピュータによるシミュレーションでも実証[12,14,15]されている．無論シミュレーションを行うに当たっては希薄相と濃厚相の分配平衡に関する知見[4]とある程度の仮定を置くことは必要である．以下に結晶性ポリプロピレンの分子量分別に関するシミュレーションの概略を紹介しておきたい．

まず，チーグラーナッタ触媒で重合して得られる高分子の分子量分布は対数正規分布で表現できることはよく知られている．具体的には式 (3.8) で表せる．

$$W(\ln M)=\frac{1}{(2\pi\beta^2)^{1/2}}\cdot\exp\left[-\frac{1}{2\beta^2}\cdot(\ln M-\ln M_0)^2\right] \tag{3.8}$$

ここで M_0 は分子量を対数で表したときのピーク位置であり，β はそのときの標準偏差である．分離のステップは図 3.12 のとおり進むと仮定する．分子

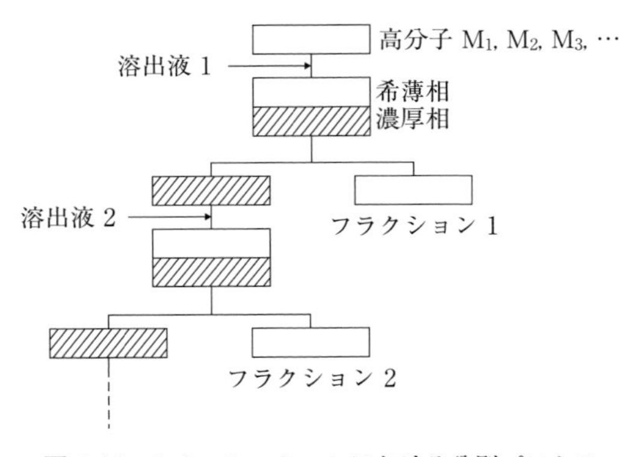

図 3.12 シミュレーションにおける分別プロセス

量分別は一旦濃厚相と希薄相が平衡状態になって図3.12の形で希薄相が分別（採取）されるとする．

シミュレーションは平衡状態では以下の2つの式が成立することが出発点である．

$$\Delta\mu_1=\Delta\mu_1' \tag{3.9}$$

$$\Delta\mu_x=\Delta\mu_x' \tag{3.10}$$

ここに，添え字xは重合度xの分子という意味である．重合度xの分子の濃厚相および希薄相の割合は式（3.11）で表される．

$$\frac{\phi_x'}{\phi_x}=\exp(\sigma\cdot x) \tag{3.11}$$

ここに，ϕ_x, ϕ_x'は重合度xの分子のそれぞれ希薄相，および濃厚相の体積分率である．σは分配に関する係数であり，式（3.12）で与えられる．

$$\sigma=\frac{1}{(\phi_2+\phi_2')}\cdot\left[\ln\frac{1-\phi_2}{1-\phi_2'}+\left(1-\frac{1}{\overline{x_n}}\right)\cdot\phi_2+\left(1-\frac{1}{\overline{x_n'}}\right)\cdot\phi_2'\right]-\ln\frac{1-\phi_2}{1-\phi_2'} \tag{3.12}$$

さらにx–merだけに注目すると，ある点での稀薄相中のx–merの割合f_x^Eは式（3.13）で表せる．ここに$\overline{x_n}$，$\overline{x_n'}$は数平均重合度である．

$$f_x^E=\frac{r\cdot f_x^0}{[r+\exp(\sigma\cdot x)]} \tag{3.13}$$

ここに，f_x^0は試料中のx–merの割合で，式（3.8）を$\ln M$の値で7から18までを100個以上に均等割りしたときの，棒グラフの高さである．なお，棒グラフの高さの総和は1.0となるように設定する．rは濃厚相と希薄相の実際の体積の比である．与えられた分子量の高分子溶液が白濁する溶媒と非溶媒の割合を前もって実験で求めておき，溶媒割合がたとえば1.9%増す点であり，式（3.13）右辺のf_x^0以外の項を定数と仮定する．つまりσとrは一定と見なす．xは実験から得られた白濁点の重合度[14]である．そして前述の棒グラフのすべての位置についてf_x^0を求める．これらのデータからϕ_2, ϕ_2'を求める．式（3.12）を使ってσを再計算する．仮定したσと再計算したσがコンピュータでトライ・アンド・エラーの方法により，与えられた誤差範囲内になるまで計算を繰り返す．なお，通常rは一定と仮定しておく．最終的に決定したσを用いて計算した結果を分別物（フラクション）の分布とする．式（3.9）～式

(3.13) に関しては Flory の書籍に記述されているが，分別沈殿の記述であるので，ここでは分別溶解の式に変更した形で用いている．具体的なシミュレーションの過程は図 3.13 に示すとおり，著者はこのような方法により具体的にシミュレーションを行った．

濃厚相は担体に付着した高分子のゲル粒子を意味する．$M_0=1.62\cdot10^5$，$\overline{M_w}/\overline{M_n}=4.76$ のポリプロピレンをシミュレーションによって分別したときの分

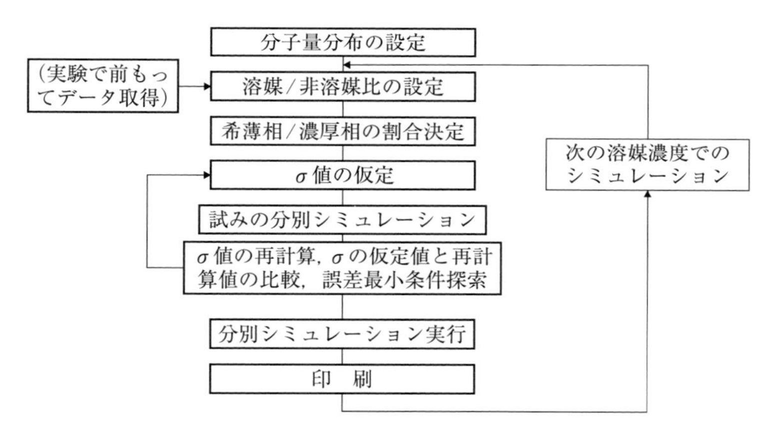

図 3.13　シミュレーションのためのフローチャート

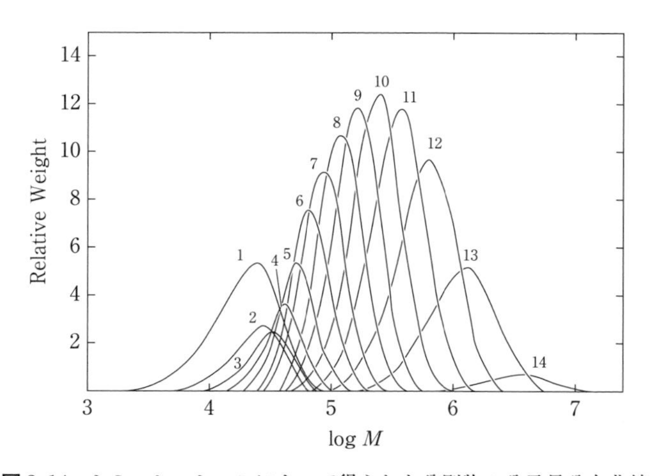

図 3.14　シミュレーションによって得られた分別物の分子量分布曲線

子量分布を図3.14に示す．分別物（フラクション）の分子量の広がりを示す値は，すなわち $\overline{M_w}/\overline{M_n}=1.3$ であり実験値とよく一致している．また，分子量の低い初期の領域および高い領域では分布が広くなることも，実験結果とよく一致している．全体のフラクションの分子量分布は図3.11の実験例とシミュレーションの図3.14はよく一致する．このように，相平衡の分子量依存性を利用すれば，分子量分別ができることは，実験的にもまた既存の溶液論の考えからも証明されている．

3.4　高分子同士の相平衡

低分子溶媒に高分子を溶解させた場合は白濁するか透明になるかによって溶解性が容易に判別できる．ところが高分子同士の溶解性については固体同士であるので判定が難しくなる．このため相溶性の判別にはいくつかの方法が提案されている．それを，以下で紹介する．

3.4.1　融 点 降 下

どちらかが結晶性の高分子である場合は，相溶性があれば融点が降下するはずである．これは低分子溶媒への結晶性高分子の溶解とまったく同じ現象であるから，その融点降下の式も第1章で述べたとおりである．ポリメチルメタクリレート（PMMA）とポリビニリデンフルオライド（PVF）の系を扱った報告がある．PMMAは非結晶性であるが，PVFは結晶性であるので，相溶性があればPVFの融点降下が起こるはずである．一方が結晶性高分子である場合の融点降下の式[16]は式（3.14）で表せる．

$$\frac{1}{\phi_1}\cdot\left[\frac{1}{T_m}-\frac{1}{T_m^0}\right]=-\frac{BV_{2u}}{\Delta H_{2u}}\cdot\frac{\phi_1}{T_m} \tag{3.14}$$

ここに，添え字1は非結晶性のPMMA，添え字2は結晶性のPVF，添え字uは繰り返し単位を意味する．たとえば V_{2u} はPVFの繰り返し単位当たりの分子容積を表す．ϕ_1 はPMMAの体積分率を表す．B は定数である．T_m は融点であるが，添え字0はPVF自身の融点を示す．式は若干複雑であるが，以前に示した融点降下の式と基本的に違いはない．カイパラメーターについては

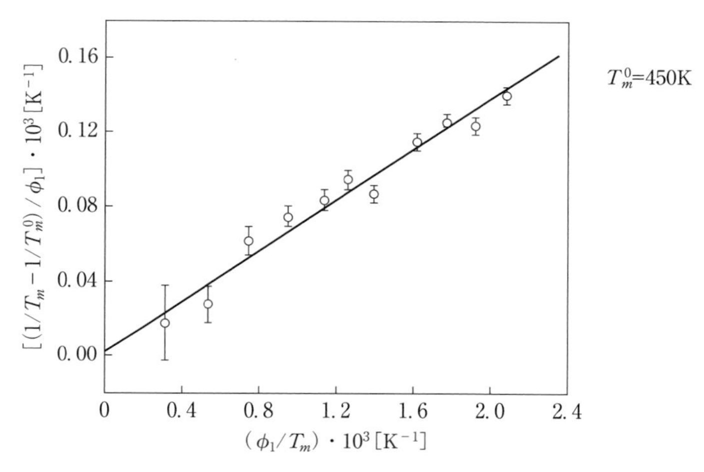

図 3.15　PMMA による PVF の融点降下

ここでは式（3.15）のように表現されている．

$$\chi_0=\frac{BV_{1u}}{RT} \tag{3.15}$$

式（3.14）に従ってプロットした結果が図 3.15 に示されている．ここに，$V_{1u}=84.9\mathrm{cm}^3$ /mol，$V_{2u}=36.4\ \mathrm{cm}^3$ /mol，$\Delta H_{2u}=1.6$ kcal/mol，$\rho_1=1.20$ g/cm³，$\rho_2=1.80$ g/cm³ の値を用いている．また，カイパラメーターの値は式（3.13）から求められて，−0.295 at 160°C の値が得られた．カイパラメーターの値が負であることからも両高分子は相溶性であることが証明されている．

3.4.2　ガラス転移点

高分子には非結晶性，結晶性ともにガラス転移点が存在する．ガラス転移点は粘弾性測定や熱分析により容易に検出できる．2 つの高分子にそれぞれのガラス転移点があっても相溶性があれば 1 つのガラス転移点しか認められなくなることにより，相溶性が判定できる．

図 3.16 はポリ-n-ヘキシルアクリレート（PHA）とポリ塩化ビニル（PVC）の系の粘弾性を測定し，tan δ を求めた[17]ものであるが，いずれの割合のブレンドにおいても 2 個の tan δ の値をもち，相溶していないことが明白である．

ところが，図3.17に見られるように，ポリ-n-プロピルアクリレート（PPA）とポリ塩化ビニル（PVC）の系[17]では，ブレンド物が1つの tan δ の値しかもたず，相溶していることが明らかである．ただ，固体同士の相溶性というのはかなりあいまいで，混合方法によっては見かけ上相溶性のない現象もあるので，高分子同士の混合には細心の注意を払う必要がある．つまり，混合後十分

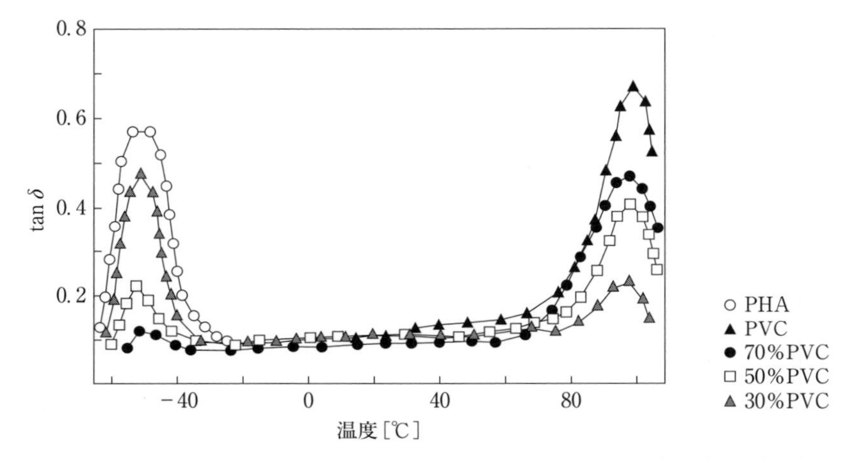

図 3.16 ポリ-n-ヘキシルアクリレート（PHA）とポリ塩化ビニル（PVC）の系における tan δ の挙動

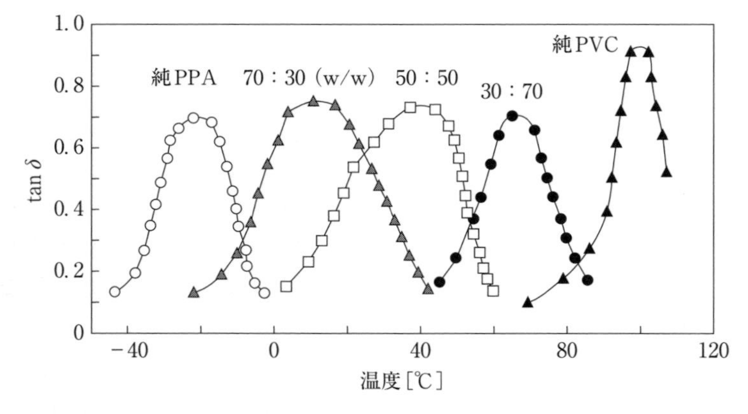

図 3.17 ポリ-n-プロピルアクリレート（PPA）とポリ塩化ビニル（PVC）の系における tan δ の挙動

な時間をかけるとともに細心の注意を払って混合する必要がある.

3.4.3　溶　解　熱

2つの高分子が溶解するためには溶解の自由エネルギーがゼロまたは負にならなければならないことは，第1章で述べたとおり熱力学的に明白である．混合の際のエントロピーは常に正であるから，混合のエンタルピーが負であれば必ず，溶解することを意味する．したがって，もし高分子同士の溶解熱を測定できれば，相溶性の判断はできるはずである．ところが，高分子は固体であるので，2つの高分子をブレンドしても正確な混合熱は測定できない．このため，ある工夫がなされている．すなわち，溶媒にそれぞれの高分子を溶解させるときの熱量と見かけ上均一な高分子混合物を溶媒に溶かすときの熱量の差から求めるという方法[18]が提案されている．式で示せば式（3.16）のようになる．

$$\Delta H = [Q_3 - (Q_2 + Q_1)] \tag{3.16}$$

具体的には高分子Aについて，1gを溶媒100gに溶解したときの発熱量をQ_1，高分子Bについて，1gを溶媒100gに溶解したときの発熱量をQ_2とする．次に高分子A，Bを等量ブレンドした試料2gを溶媒200gに溶解したときの発熱量をQ_3とする．発熱量とエンタルピーは正，負が反対であることを注意しておかねばならない．測定装置は図3.18にその一例[19]を示しておくが，熱量測定といえば通常は示差熱量計を思い出すが，それではない．

図3.18に示すものはデュワービンを使う伝統的な熱量計である．装置の詳細や測定法は文献[20]を参照されたい．この方法で実験した結果[18,19]が表3.2に示されている．ここに示されている溶解のエンタルピーはすべて負であり，2つの高分子は相溶性であることを示している．高分子溶解のエンタルピーはJ/gの単位で示してあるが，両高分子が1：1で混合されたとき，すなわち，0.5gと0.5gを混合したときの溶解のエンタルピーという意味である．本方法は研究対象の2つの高分子がともに溶解する溶媒を使用する．したがって高分子同士の混合状態を観察するわけではなく均一系で実験している．このため信頼性が割合高いのではないかと思われる．なお，このような均一に溶解させる系で測定しても，固体試料の状態によって溶解熱は変化することがわかって

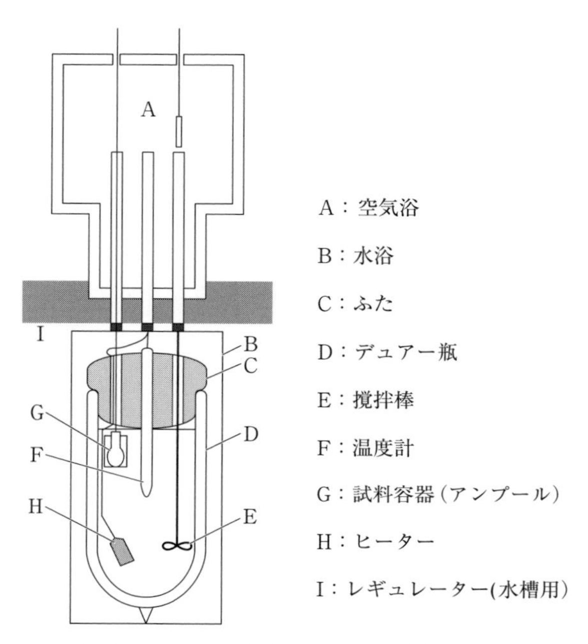

図 3.18 溶解熱を測定するための熱量計の例

表 3.2 溶液系で熱量計を用いて計測された高分子同士の混合のエンタルピー

ポリマーA	ポリマーB	溶媒	ΔH[J/g]	文献
天然ゴム	ブタジエンゴム	ベンゼン	−0.69	11
ニトロセルロース	アセチルセルロース	アセトン	−12.3	11
ニトロセルロース	ポリビニルアセテート	アセトン	−2.3	11
ニトロセルロース	ポリメチルメタクリレート	アセトン	−7.5	12
ニトロセルロース	ポリビニルアセテート	アセトン	−18.4	12

いる[19]．しかし，相溶性を論ずるのに困難をきたすほどの大きな変化はないであろう．

3.4.4 体積変化

溶解性を決める最も重要な因子は熱力学的には，エントロピーではなくてエンタルピーである．これはHansenがエンタルピーだけを扱って溶解性を予測しようとして，大著[21]を表し，世に多くの読者がいることからもわかる．

エンタルピーとは平たくいえば熱の話である．したがって前述の溶解に伴う熱の出入りを測定するのが最も直接的である．これには熱量計が必要であるが，熱量変化を伴う現象は熱力学的には体積変化とも直接関係する．混合に伴う体積変化を測定しても，エンタルピーの予測は可能なはずである．この事実については他の書籍では説明されていないので，ここで具体的に詳述したい．

まず，エンタルピーの変化がどのように体積変化に関係して来るか，熱力学的に誘導する．熱力学関数については多くの書籍に記載されている．たとえば，Hildebrand の書籍では，熱力学関数の関係（Relations between Thermodynamic Functions）などと表現されている．それを利用すると，エンタルピーと体積の関係ではまず式（3.17）が成り立つ．

$$\left(\frac{\partial H}{\partial V}\right)_P = \left(\frac{\partial H}{\partial T}\right)_P \left(\frac{\partial T}{\partial V}\right)_P = \frac{C_P}{\left(\frac{\partial V}{\partial T}\right)_P} \tag{3.17}$$

なぜならば，$\left(\frac{\partial H}{\partial T}\right)_P = C_P$ である．ここに C_P は圧力一定での比熱を表す．また，体積膨張率 α は式（3.18）で表せるので，式（3.17）は式（3.19）または式（3.20）で表せる．

$$\frac{1}{V}\cdot\left(\frac{\partial V}{\partial T}\right)_P = \alpha \tag{3.18}$$

$$\left(\frac{\partial H}{\partial V}\right)_P = \frac{C_P}{\alpha \cdot V} \tag{3.19}$$

$$\Delta H \approx \frac{C_P}{\alpha} \cdot \frac{\Delta V}{V} \tag{3.20}$$

式（3.20）より系全体の比熱と熱膨張係数がわかれば，混合の体積変化から混合のエンタルピーが予測できる．混合の体積が減少すれば ΔH は負になるので，その系は溶解し，ΔH が正となるならば，溶解しないことを意味する．熱膨張係数には線膨張係数と体積膨張係数があるが，ここでは後者の意味であり，代表的な高分子の体積膨張係数の値を付録5に示しておいた．

有機溶媒同士であれば，体積変化は実験的に容易に測定可能であるが，高分子では難しいので，実施例はあまりないようであるが，ディラトメーターで正確な密度が測定[23]できる．この方法の模式図を図 3.19 に示しておく．

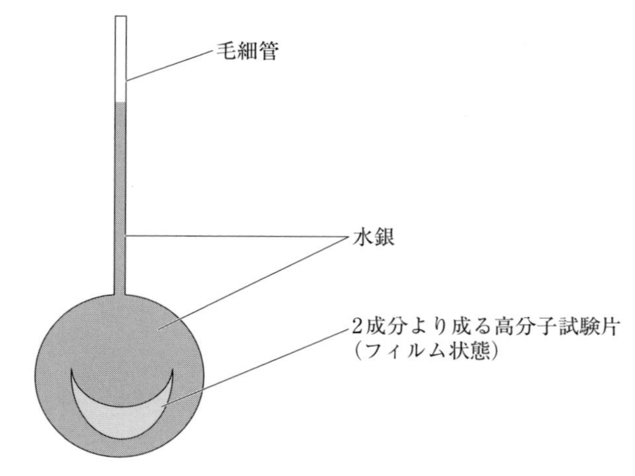

図 3.19　ディラトメーターによる体積変化測定の模式図（全体を恒温槽に入れ 20°C/h で昇温させながら水銀柱の高さを読み取る．最近では，自動化されたディラトメーターが市販されている．）

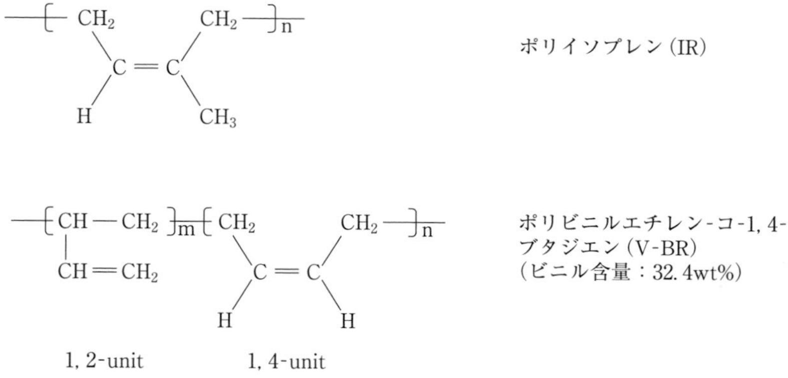

$-[CH_2 \quad CH_2-]_n-$
$C=C$
$H \quad CH_3$

ポリイソプレン (IR)

$-[CH-CH_2]_m[CH_2 \quad CH_2-]_n-$
$CH=CH_2 \quad C=C$
$H \quad H$

1, 2-unit　　1, 4-unit

ポリビニルエチレン-コ-1, 4-ブタジエン (V-BR)
(ビニル含量：32.4wt%)

図 3.20　ブレンドに使われた高分子の分子構造

実験的にはかなり慎重に行わなければならないが，測定可能である．その例をいくつか紹介する．まず，最初の例は下限臨界温度を有するブレンドの系[24]で，分子構造は図 3.20 に示す．この場合下限臨共溶温度が 60°C 付近にあることが知られている．つまりこの温度以上では，両ポリマーは分離する

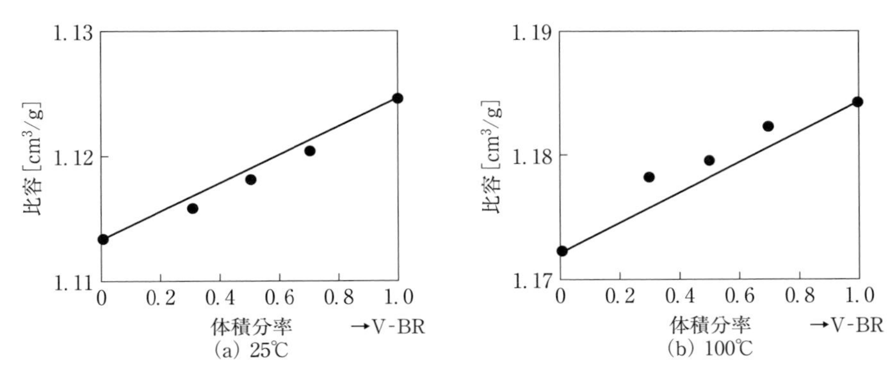

図 3.21 V-Br と IR ブレンド系における比容の変化
(比容が体積分率に従って単調に変化する場合)

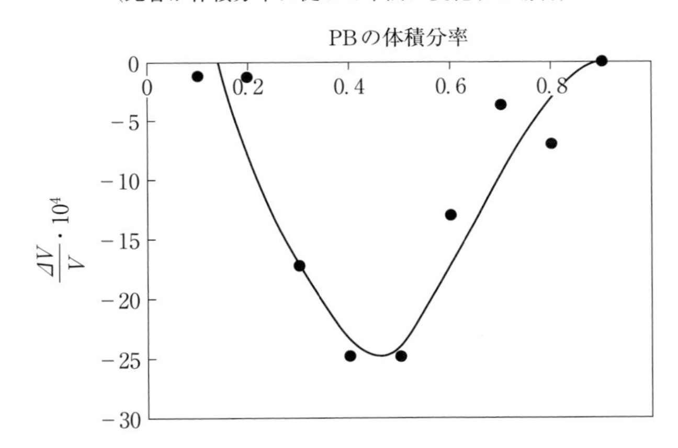

図 3.22 ポリブタジエン/ポリイソプレン (PB/PI) 系ブレンド物の体積変化 (25℃)

が，これ以下の温度では共溶する系である．このときの体積変化は図 3.21 に示されている．

つまり低温の 25℃ では混合によって，体積が減少するが，高温の 100℃ では，混合によって体積が増加していることがわかる．式 (3.20) に示されるように，低温では混合のエンタルピーが負であり，高温では混合のエンタルピーが正であるので，溶解現象と熱力学的関係が一致する．もう 1 つの例は図 3.22 である．ポリブタジエンとポリイソプレンの系で室温にて相溶することがわかっている系[25] である．データは若干ばらついてはいるが，室温ではど

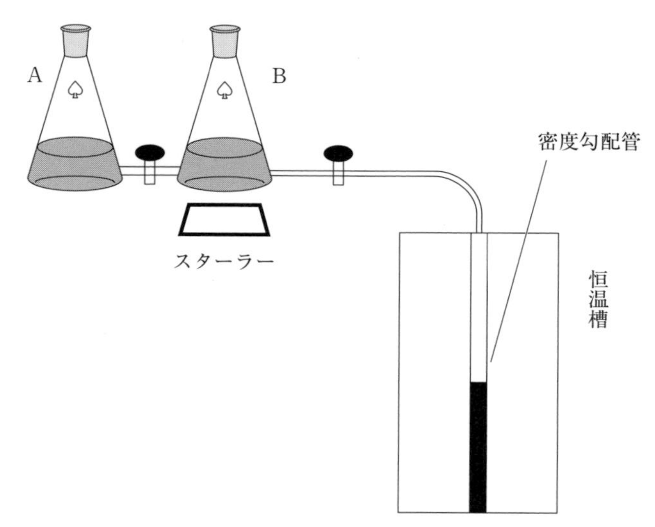

図 3.23　密度勾配管作製装置概略図

んな混合割合でも，体積は減少するので，混合のエンタルピーは負となり，熱力学的にも相溶系であることが証明できる．

ところで，比熱や熱膨張係数はポリマーによってそれほど違いがないので，2成分の平均値でもかまわない．ブレンド物の体積の精密な変化を測定するには，上述のディラトメトリーの方法もあるが，実験的には自分で装置を製作するか，装置を新規に購入しなければならない．工業的には体積の反映であるブレンド物の密度はすでに確立されている方法を使用することができる．それはJIS K 7112またはISO 1183に規定されている方法で，「密度勾配管」を利用すると，有効数字4桁で値が得られるので，ΔVはかなり正確に得られる．密度勾配管での密度勾配は図3.23の概念図のように作製する．

A液とB液の密度の異なる液体，たとえば水/エタノール系で液柱を作り，そこに試料を入れて密度を測定する．なお，式（3.20）のVは2つの高分子を単純混合したと仮定したときの体積（比容積）である．高分子を微粉砕して，溶融させた微粒子を作れば容易に測定可能である．このように，高分子同士の溶解のエンタルピーを求めることによって，ポリマー同士の相溶性を簡単に推定することが可能なはずである．密度勾配管法の装置は市販されており，簡単であるがそれを利用した報告例は今のところまったく見当たらない．

［計算例］ 熱量測定で，セルロース系高分子同士の混合熱は 12.3 J/g（発熱）であった．このときの体積減少はどの程度であると予想されるか．セルロース系の比熱は $C_P \approx 1.3\ \mathrm{J/Kg}$ である．また，体積膨張係数は $\alpha \approx 4.5 \times 10^{-4}\ \mathrm{K}^{-1}$ である．以上のことから，式（3.21）のとおりである．

$$\frac{\Delta V}{V} = \frac{\alpha}{C_P} \cdot \Delta H = -4.2 \cdot 10^{-3} \tag{3.21}$$

密度の逆数は単位重量当たりの体積（比容）である．したがって上述の密度勾配管法を用いれば，この程度の精度をもった体積変化の値は容易に得られるので，本法は有効な方法と考えることができる．無論，体積膨張係数や比熱の正確な値があれば好ましいが，溶解のエンタルピーが正であるか負であるかが，重要であるのでそれらの精度はあまり問題ではない．以上のとおり高分子で確立された方法によって，高分子の相溶性は容易に予測可能である．

〔参考文献〕

1）E. A. Grulke：Solubility Parameter Values, **Ⅶ**, p.675, Polymer Handbook, Fourth Edition, Edited by J. Brandrup, E. H. Immergut, E. A. Grulke , John Wiley Sons., Inc., New York（1999）

2）A. R. Shultz, P. J. Flory：J. Am. Chem. Soc., **74**, 4760（1952）

3）P. J. Flory：J. Chem. Phys., **12**, 425（1944）

4）P.J. Flory：Principles of polymer chemistry, Chapter 13, Cornell Univ. Press, Ithaca and London（1953）

5）L. Mandelkern：Rubber Chem. Tech., **32**, 1392（1959）

6）A. Nakajima, H. Fujiwara：J. Polym. Sci., A2, **6**, 723（1968）

7）T. Ogawa, S. Tanaka, T. Inaba：J. Appl. Polym. Sci., **17**, 779（1973）

8）小川俊夫，鈴木善武，田中章一，星野貞夫：高分子化学，**27**, 356（1970）

9）T. Ogawa, S. Tanaka, S. Hoshino：J. Appl. Polym. Sci., **16**, 2257（1972）

10）T. Ogawa, S. Inaba, T. Tanaka：J. Appol. Polym. Sci., **17**, 319（1973）

11）T. Ogawa, T. Inaba：J. Polym. Sci., Polym. Phys. Eds., **12**, 785（1974）

12）T. Ogawa, T. Inaba：J. Appl. Polym. Sci., **18**, 3345（1974）

13）T. Ogawa, S. Tanaka, T. Inaba：J. Appl. Polym. Sci., **18**, 1351（1974）
14）T. Ogawa, T. Inaba：J. Appl. Polym. Sci., **22**, 2621（1978）
15）Doctoral dissertation, Toshio Ogawa：Fractionation and characterization of polyolefins, Kyoto Univ.（1976）
16）T. Nishi, T. T. Wang：Macromolecules, **8**, 909（1975）
17）D. J. Walsh, J. G. McKeown：Polymer, **21**, 1330（1980）
18）G. L. Slonimskii：J. Polym. Sci., **30**, 625（1958）
19）市原祥次，畑敏雄：高分子化学，**26**, 249（1969）
20）小川英生：Netsu Sokutei, **46**, 111（2019）
21）C. M. Hansen：Hansen Solubility Parameters（User's Handbook）, CRC Press, London or New York（2007 or 2000）
22）J. L. Hildebrand, R. L. Scott：The Solubility of Nonelectrolytes, Chapter I, Reinhold Pub., New York（1950）
23）S. Akiyama：Bull. Chem. Soc. Japan, **45**, 1381（1972）
24）S. Kawahara, S. Akiyama：Polym. J., **23**, 7（1991）
25）S. Kawahara, K. Sato, S. Akiyama：J. Polym. Sci., Pt. B, Polym. Phys., **32**, 15（1994）

付録1　溶媒の溶解パラメーター*)

溶媒	$\delta(MPa)^{1/2}$
1. Perfluoropentane	11.9
2. Perfluoromethylcyclohexane	12.3
3. Decane (normal)	13.5
4. Diisopropyl ether	14.1
5. Diisodecyl phthalate	14.7
6. Hexane (normal)	14.9
7. Diethyl ether	15.1
8. Heptane (normal)	15.1
9. Ethyl isobutyl ether	15.3
10. Amyl bromide	15.6
11. Octane (normal)	15.6
12. Diisobutylene	15.8
13. Amyl acetate (iso)	16.0
14. Butyl (iso) butyrate (normal)	16.0
15. Butyl ether	16.0
16. Methyl cyclohexane	16.0
17. Dodecane	16.2
18. Ethyl isobutyrate	16.2
19. Propyl isobutyrate	16.2
20. Diehexyl ether	16.4
21. Diethylamine	16.4
22. Butyl chloride (iso)	16.6
23. Lauryl alcohol	16.6
24. 2-Chloropropane	16.6
25. sec-Butyl acetate	16.8
26. Cyclohexane	16.8
27. 2-Isopropyl toluene	16.8
28. Decyl acetate	16.8
29. Ethyl amyl ketone	16.8
30. Ethyl benzoate	16.8
31. Amyl chloride	17.0
32. Butyl acetate (iso)	17.0
33. Ethylene glycol diethyl ether	17.0
34. Ethyl methacrylate	17.0
35. Methyl no-butyl ketone	17.0
36. Methyl iso-butyrate	17.0
37. Methyl n-hexyl ketone	17.0
38. Methyl isobutyrate	17.2
39. Benzonitrile	17.2
40. Sec-Butyl bromide	17.2
41. Ethyl propionate	17.2

溶媒	$\delta(MPa)^{1/2}$
42. Methyl isoamyl ketone	17.2
43. Methyl isobutyl ketone	17.2
44. Propyl butyrate	17.2
45. Bicyclohexyl	17.4
46. n-Butyl acetate	17.4
47. Butyl acrylate (iso)	17.4
48. Ethyl n-butyrate	17.4
49. Methyl amyl ketone	17.4
50. Methyl iso-propyl ketone	17.4
51. Methyl styrene	17.4
52. 1-Chloropropane	17.4
53. Propyl propionate	17.4
54. Butyl iodidie	17.6
55. Carbon tetrachloride	17.6
56. Diethyl oxalate	17.6
57. Ethyl acrylate	17.6
58. Ethylene glycol dimethyl ether	17.6
59. n-Propyl benzene	17.6
60. n-Amyl amine	17.8
61. n-Butyl amine	17.8
62. n-Butyl bromide	17.8
63. Cyclopentane	17.8
64. Dioctyl adipate	17.8
65. Dioctyl sebacate	17.8
66. Tripropylene glycol methyl ether	17.8
67. Allyl chloride	18.0
68. n-Butyl acrylate	18.0
69. Butyl propionate	18.0
70. Dibutyl sebacate	18.0
71. Diethyl ketone	18.0
72. Dimethyl ether	18.0
73. Ethyl benzene	18.0
74. Methyl methacrylate	18.0
75. n-Propyl acetate	18.0
76. Di-n-hexyl phthalate	18.2
77. Methyl acrylate	18.2
78. Methyl n-butyrate	18.2
79. Methyl caprolactone	18.2
80. Methyl propionate	18.2
81. Propyl bromide	18.2
82. Toluene	18.2

溶媒	δ(MPa)$^{1/2}$
83. Dibutyl fumarate	18.4
84. Dibutyl maleate	18.4
85. Dichloropropane-1,2	18.4
86. Vinyl acetate	18.4
87. Diamyl phthalate	18.6
88. Dichloro ethylene, cis-1,2	18.6
89. Ethyl acetate	18.6
90. Tetrahydrofuran	18.6
91. Vinyl toluene	18.6
92. Allyl acetate	18.8
93. Benzene	18.8
94. Ethyl chloride	18.8
95. Ethylene glycol methyl ether acetate	18.8
96. Propylene oxide	18.8
97. Trichloroethylene	18.8
98. Chloroform	19.0
99. Dibutyl phthalate	19.0
100. Methyl ethyl ketone	19.0
101. Styrene	19.0
102. Tetrachloro ethylene	19.0
103. Buytl lactate(normal)	19.2
104. Dibenzyl ether	19.2
105. Ethyl iodide	19.2
106. Furan	19.2
107. Nonyl phenol	19.2
108. Pentachloro ethane	19.2
109. Acetyl chloride	19.4
110. Chloro benzene	19.4
111. Acetyl chloride	19.4
112. Ethylene glycol monobutyl ether	19.4
113. Tetrahydornaphthalene(Tetralin)	19.4
114. Ethylhexanol	19.4
115. Ethyl bromide	19.6
116. Methyl acetae	19.6
117. Methyl bromide	19.6
118. Trichloro ethane-1,1,2	19.6
119. Dimethyl aniline	19.8
120. Methyl chloride	19.8
121. Dodecanol-1	20.1
122. Acrolein	20.1
123. Bromostyrene(ortho)	20.1
124. 1,2-Dichloroethane	20.1
125. Acetone	20.3

溶媒	δ(MPa)$^{1/2}$
126. Bromobenzene	20.3
127. Cyclohexanone	20.3
128. Diethylmaleate	20.3
129. Propionic acid	20.3
130. Tetraethylene glycol	20.3
131. Amyl alcohol	20.5
132. Carbon disulfide	20.5
133. Dichlorobenzene(ortho)	20.5
134. Diethyl phthalate	20.5
135. Dipropyl phthalate	20.5
136. Ethylene glycol diacetate	20.5
137. Nitrobenzene	20.5
138. Ethyl lactate	20.5
139. Caprolactone(ε)	20.7
140. Dipropylene glycol	20.7
141. Iodobenzene	20.7
142. Cresol(m)	20.9
143. Diethylene glycol monobutyl ether	20.9
144. Methyl iodide	20.9
145. Diphenyl ether	20.9
146. Methyl iodide	20.9
147. Aniline	21.1
148. Methyl-2-pentanediol-1,3	21.1
149. Octyl alcohol(normal)	21.2
150. Dibromoethane	21.3
151. Cyclopentanone	21.3
152. iso-Butyl alcohol	21.5
153. Ethyl-2-butanol	21.5
154. Ethylene glycol monoethyl ether	21.5
155. Acetophenone	21.7
156. 1-Bromonaphthalene	21.7
157. Diethylformamide(N,N)	21.7
158. Heptyl alcohol(normal)	21.7
159. Dimethyl phthalate	21.9
160. Hexyl alcohol(normal)	21.9
161. Pyridine	21.9
162. Triethylene glycohol	21.9
163. 2-Butanol	22.1
164. Dimethyl acetamide	22.1
165. Pentanediol-2,4	22.1
166. Quinoline(normal)	22.3
167. Ethylene glycol monobenzyl ether	22.3
168. Dimethyl malonate	22.5

溶媒	δ(MPa)$^{1/2}$
169. Dimethyl oxalate	22.5
170. Neopentyl glycol	22.5
171. 2,3-Butane diol	22.7
172. Triethylene tetramine	22.7
173. Isobutylene glycol	22.9
174. Furfural	22.9
175. Dipropyl sulfone	23.1
178. n-Butyl alcohol	23.3
179. Cyclo hexanol	23.3
180. Ethylene glycol monomethyl ether	23.3
181. Ethylene glycol monphenyl ether	23.5
182. Petntanediol-1,5	23.5
183. 2-Propanol	23.5
184. 1,3-Butanediol	23.7
185. Allyl alcohol	24.1
186. 1-Propanol	24.3
187. Acetonitrile	24.3
188. Benzyl alcohol	24.8
189. 1,4-Butanediol	24.8
190. Diethylene glycol	24.8
191. Dimethyl formamide(N,N)	24.8
192. Dioctyl phthalate	24.8
193. 2-Chloro ethanol	25.0
194. Ethylene diamine	25.2
195. Ethylacetamide(normal)	25.2
196. Ethylene diamine	25.2
197. Diethyl sulfone	25.4

溶媒	δ(MPa)$^{1/2}$
198. Furfuryl alcohol	25.6
199. Methyl propyl sulfone	25.6
200. Butyrolactone(γ)	25.8
201. Chloroacetonitrile	25.8
202. Propylene glycol	25.8
203. Captolactam(ε)	26.0
204. Ethyl alcohol	26.0
205. Methyl tetramethylene sulfone	26.4
206. Dimethyl nitroamine(N,N)	26.8
207. Propiolactone	27.2
208. Methyl ethyl sulfone	27.4
209. Tetramethylene sulfone	27.4
210. Maleic anhydride	27.8
211. Diacetyl piperazine(N,N)	28.0
212. Ethylene formamide(N)	28.4
213. Dimethyl sulfoxide	29.7
214. Methanol	29.7
215. Ethylene glycol	29.9
216. Methyl acetamide	29.9
217. Ethylene carbonate	30.1
218. Pyrrolidine(α)	30.1
219. Diformyl piperazine(N,N)	31.5
220. Succinic anhydride	31.5
221. Methyl foramide(N)	32.9
222. Glycerol	33.4
223. Hydrazine	37.3
224. Water	47.9

*）以下の書籍から，一部抜粋して掲載.

E .A. Grulke：Solubility parameter values, In Polymer Handbook, Fourth Edition, J. Brandrup, E. H. Immergut, E. A. Grulke Eds. ,Wiley Interscience Pub., New York, 1999

付録2　高分子の溶解パラメーター*)

高分子	溶解パラメーター[MPa]$^{1/2}$			
	Hansen			Hildebrand
	δ_d	δ_p	δ_h	δ
Poly (dienes)				
1. Poly (butadiene)				17
2. Hydrogenated				16.5
3. Poly (cis-butadiene) elastomer	17.3	2.25	3.42	18
4. Poly (butadiene-co-acrylonitrile)				
(82/18)				18
(61/39)				21
5. Poly (butadiene-co-styrene)				
(90/10)				17.1
(75/25)				17.5
(60/40)				17.5
6. Poly (chloroprene)				16-18
7. Poly (1,4-cis-isoprene)				16.5
8. Poly (isoprene) elastomer	16.6	1.4	-	16.6
9. Poly (2,3-dimethyl 1-butene)				18
10. Poly (3,3-dimethyl 1-butene)				18
11. Poly (3-methyl 1-butene)				17.8
12. Poly (2-methyl 1-butene)				17.9
13. Polyethylene				16-17
14. Poly (1,1-diphenyl ethylene)				19.9
15. Poly (isobutene)				16.5
16. Poly (isobutylene)	14.5	2.5	4.7	15
17. Poly (propylene)				17-18
Poly (acrylics) and Poly (methacrylics)				
18. Poly (butyl acrylate)				18-19
19. Poly (ethyl acrylate)				19
20. Poly (methyl acrylate)				20-21
21. Poly (propyl acrylate)				18
22. Poly (butyl methacrylate)				18
23. Poly (isobutyl methacrylate)				14.7
24. Poly (ethoxyethyl methacrylate)				18
25. Poly (ethyl methacrylate)				18
26. Poly (n-hexyl methacrylate)				17.6
27. Poly (lauryl methacrylate)				16.8
28. Poly (methyl methacrylate)				18-19
29. Poly (octyl methacrylate)				17.2
30. Poly (propyl methacrylate)				18
31. Poly (stearyl methacrylate)				16

高分子	溶解パラメーター$[MPa]^{1/2}$			
	Hansen			Hildebrand
	δ_d	δ_P	δ_h	δ
32. Poly(methacrylonitrile)				21
Poly(vinyl alcohols)and Poly(vinyl esters)				
33. Poly(vinyl alcohols)				22-25
34. Poly(4-vinyl phenol)				22.5
35. Poly(vinyl acetate)	21	11	9.6	19-22
36. Poly(vinyl propionate)				18
Poly(ethers)				
37. Poly(allyl methyl ether)				19.4
38. Poly(allyl propyl ether)				19.2
39. Poly(vinyl methyl ether)				19.7
40. Poly(vinyl butyl ether)				19.2
41. Poly(vinyl phenyl ether)				20.2
42. Poly(divinyl ether)				18.9
Poly(vinyl halides)and poly(vinyl nitriles)				
43. Poly(acrylonitrile)	18.2	16.2	6.8	25.3
44. Poly(allyl acetonitrile)				24.2
45. Poly(1-methyl acrylonitrile)				25.5
46. Poly(tetrafluoroethylene)				12.7
47. Poly(vinyl bromide)				19.5
48. Poly(vinyl chloride)	18.7	10.0	3.1	20-21
49. Poly(allyl cyanide)				25.5
50. Poly(vinylidene chloride)				25
51. Poly(vinylidene fluoride)	17	12	9	23
Poly(styrenes)				
52. Poly(styrene)	21.3	5.8	4.3	17.5-18.5
53. Poly(o-methyl styrene)				19.3
54. Poly(methoxy styrene)				20.2
55. Poly(cyano styrene)				22.4
56. Poly(nitro styrene)				22.7
57. Poly(4-chlorostyrene)	17.6	6.1	4.1	19.0
58. Poly(4-acetoxystyrene)	17.8	9	8.4	21.7
59. Poly(4-hydroxystyrene)	17.6	10	13.7	24.6
Main chain C-O polymers				
60. Poly(vinyl acetate)				18.2
61. Poly(allyl acetate)				18.3
62. Poly(methyl acetate)				18.2

高分子	溶解パラメーター[MPa]$^{1/2}$			
	Hansen			Hildebrand
	δ_d	δ_P	δ_h	δ
63. Poly(ethyl acrylate)				18.3
64. Poly(allyl acrylate)				17.9
65. Poly(benzyl acrylate)				19.4
66. Poly(vinyl butyrate)				18.3
67. Poly(dimethyl fumarate)				18.6
68. Poly(dimethyl maleate)				18.6
69. Poly(diethyl maleate)				18.6
70. Poly(diphenyl maleate)				19.9
71. Poly(methyl methacrylate)				18.3
72. Poly(propyl methacrylate)				18.4
73. Poly(vinyl propionate)				18.3
Main chain C-N polymers				
74. Nylon 3				26.2
75. Nylon 4				23.9
76. Nylon 6				21.5
77. Nylon 10				19.4
78. Nylon 11				19.2
79. Nylon 12				19
80. Nylon 66	18.6	5.1	12.3	22.9
81. Poly(p-benzamide)	18	11.9	7.9	23
82. Poly(n-isopropyl acrylamide)				22.8
Cellulose and derivatives				
83. Cellulose				25
84. Cellulose acetate				19.6
85. Cellulose diacetate				22-23
86. Cellulose triacetate				18.8
Other polymers				
87. Phenolic resin(resole)				27.2
88. Epoxy resin(Epikote 1001)				26.3
89. Poly(ether urethane)				17.5
90. Poly(DL-lactic acid)				21
91. Poly(oxydimethyl silylene)				14-15
92. Poly(ethylene oxide)	17	3	9	20
93. Poly(propylene oxide)	16.3	4.7	7.4	16
94. Poly(sulfone)				20.3
95. Poly(thioethylene)				19
96. Poly(urethane)				20-22
97. Poly(vinyl pyrrolidone)				25.6

高分子	溶解パラメーター[MPa]$^{1/2}$			
	Hansen			Hildebrand
	δ_d	δ_P	δ_h	δ
98. Poly(vinyl methyl ketone)				23
99. Poly(vinyl ethyl ketone)				22
100. Poly(vinyl methyl sulfide)				19.5
101. Poly(vinyl phenyl sulfide)				20.3
102. Terpene resin(Piccolyte S-1000)				16.7

*）以下の書籍から，一部抜粋して掲載.

E.A. Grulke：Solubility parameter values, In Polymer Handbook, Fourth Edition, J. Brandrup, E. H. Immergut, E. A. Grulke Eds. Wiley Interscience Pub. , New York, 1999

付録3 Hansenの溶解パラメーター（溶媒）*)

溶媒	溶解パラメーター[MPa]$^{1/2}$		
	δ_D	δ_P	δ_h
1. Acetamide	17.3	18.7	22.4
2. Acetone	15.5	10.4	7.0
3. Acetonitrile	15.3	18.0	6.1
4. Acetophenone	19.6	8.6	3.7
5. N-acetyl piperidine	18.5	10.0	6.5
6. N-Acetyl pyrrolidone	17.8	13.1	8.3
7. 2-Acetyl thiophene	19.1	12.2	9.3
8. Acetylacetone	16.1	11.2	6.2
9. Acrylamide	15.8	12.1	12.8
10. Allyl acetate	15.7	4.5	8.0
11. Allyl alcohol	16.2	10.8	16.8
12. Allyl amine	15.5	5.7	10.6
13. Allyl bromide	16.5	7.3	4.9
14. Allyl chloride	17.0	6.2	2.3
15. Allyl ethyl ether	15.0	4.8	5.1
16. Allyl methacrylate	15.2	4.1	7.5
17. 2-Amino pyridine	20.4	8.1	12.2
18. 4-Amino pyridine	20.4	16.1	12.9
19. Amyl acetate	15.8	3.3	6.1
20. Aniline	19.4	5.1	10.2
21. Anisole	17.8	4.1	6.7
22. Benzamide	21.3	14.7	11.2
23. Benzene	18.4	0	2.0
24. 1,3-Benzenediol	18.0	8.4	21.0
25. Benzonitrile	17.4	9.0	3.3
26. Benzyl acetate	18.3	5.7	6.0
27. Bicyclohexyl	18.6	0	0
28. o-Bromoanisole	19.8	8.4	6.7
29. Bromobenzene	20.5	5.5	4.1
30. o-Bromostyrene	19.5	5.2	5.3
31. p-Brometoluene	19.3	6.8	4.1
32. 1,3-Butanediol	16.6	10.0	21.5
33. 1-Butanol	16.0	5.7	15.8
34. n-Butyl acetate	15.8	3.7	6.3
35. n-Butyl acrylate	15.6	6.2	4.9
36. t-Butyl alcohol	15.2	5.1	14.7
37. Butyl benzoate	18.3	5.6	5.5
38. n-Butyl cyclohexane	16.2	0	0.6
39. Butyl lactate	15.8	6.5	10.2
40. n-Butyl propionate	15.7	5.5	5.9

溶媒	溶解パラメーター[MPa]$^{1/2}$		
	δ_D	δ_P	δ_h
41. n-Butyl methacrylate	15.6	6.4	6.6
42. Butyl steararte	14.5	3.7	3.5
43. n-Butylbenzene	17.4	0.1	1.1
44. Butyronitrile	15.3	12.4	5.1
45. Caprolactone	19.7	15.0	7.4
46. Carbon disulfide	20.5	0	0.6
47. Carbon tetrachloride	17.8	0	0.6
48. p-Chloro acetophenone	19.6	7.6	4.0
49. 3-Chloro-1-propanol	17.5	5.7	14.7
50. 4-Chloroanisole	19.6	7.8	6.7
51. Clorobenzene	19.0	4.3	2.0
52. Chloroform	17.8	3.1	5.7
53. 2-Chlorophenol	20.3	5.5	13.9
54. p-Chlorostyrene	18.7	4.3	3.9
55. o-Chlorostyrene	18.7	4.7	3.9
56. m-Cresol	18.0	5.1	12.9
57. Cyclohexanol	17.4	4.1	13.5
58. Cyclohexanone	17.8	6.3	5.1
59. Cyclohexylamine	17.2	3.1	6.5
60. cis-Decahydronaphthalene	18.8	0	0
61. Decane	15.7	0	0
62. Di-n-propyl ether	15.1	4.2	3.7
63. Diallyl ether	15.3	4.3	5.3
64. o-Dibromo-benzene	20.7	6.5	5.3
65. Dibutyl phthalate	17.8	8.6	4.1
66. m-chlorobenzene	19.7	5.1	2.7
67. Diethanolamine	17.2	10.8	21.2
68. Diethyl amine	14.9	2.3	6.1
69. 1,2-Diethyl benzene	17.7	0.1	1.0
70. Diethyl ether	14.5	2.9	5.1
71. Diethyl ketone	15.8	7.6	4.7
72. Diethyl phthalate	17.6	9.6	4.5
73. Diethyl sulfide	16.8	3.1	2.0
74. Diethylene glycol	16.6	12.0	20.7
75. Diethylene glycol butyl ether acetate	16.0	4.1	8.2
76. Diethylene glycol monoethyl ether	16.1	9.2	12.2
77. Diethylene glycol monoethyl ether acetate	16.2	5.1	9.2
78. Dihydropyran	17.5	5.5	5.7
79. 1,2-Dihydroxybenzene（Catechol）	20.0	11.3	21.8
80. N,N-Dimethyl acetamide	16.8	11.5	10.2
81. Dimethyl diethylene glycol	15.8	6.1	9.2
82. Dimethyl formamide	17.4	13.7	11.3

溶媒	溶解パラメーター[MPa]$^{1/2}$		
	δ_D	δ_P	δ_h
83. Dimethyl phthalate	18.6	10.8	4.9
84. Dimethyl sulfone	19.0	19.4	12.3
85. Dimethyl sulfoxide	18.4	16.4	10.2
86. 2,4-Dimethyl aniline	19.2	5.2	8.7
87. Dioctyl adipate	16.7	2.0	5.1
88. Dioctyl phthalate	16.6	7.0	3.1
89. 1,4-Dioxane	19.0	1.0	7.4
90. Dipropyl amine	15.3	1.4	4.1
91. Ethanol	15.8	8.8	19.4
92. Ethanolamine	17.0	15.5	21.2
93. Ethyl acetate	15.8	5.3	7.2
94. Ethyl acrylate	15.5	7.1	5.5
95. Ethyl benzene	17.8	0.6	1.4
96. 2-Ethyl hexyl acetate	15.8	2.9	5.1
97. 2-Ethyl hexyl acrylate	14.8	4.7	3.4
98. Ethyl lactate	16.0	7.6	12.5
99. Ethyl methacrylate	15.8	7.2	7.5
100. Ethyl methyl sulfide	17.1	4.8	2.5
101. 4-Ethyl phenol	19.2	5.3	12.8
102. Ethyl propionate	15.5	6.1	4.9
103. N-Etrhyl-2-pyrrolidone	18.0	12.0	7.0
104. 1,2-Dichloro-ethane	19.0	7.4	4.1
105. 1,2-Diethoxy-ethane	15.4	5.4	5.2
106. Acrylic acid 2-ethoxy ethyl ester	15.9	5.1	9.3
107. Ethylene glycol mono n-hexyl ether	16.0	5.0	11.5
108. 2-Butoxy-ethanol	16.0	5.1	12.3
109. 2-Ethoxy-ethanol	16.2	9.2	14.3
110. 2-Methoxy ethanol	16.2	9.2	16.4
111. Ethylenediamine	16.6	8.8	17.0
112. p-Fluoroanisole	18.7	7.3	6.7
113. Furan	17.8	1.8	5.3
114. Furfural	18.6	14.9	5.1
115. Glycerol	17.4	7.6	15.1
116. n-Heptane	15.3	0	0
117. 1-Heptanol	16.0	5.3	11.7
118. Hexafluoro isopropanol	17.2	4.5	14.7
119. Hexafluorobenzene	16.9	0	0
120. 1-Hexanol	15.9	5.8	12.5
121. Hexyl acetate	15.8	2.9	5.9
122. 3-Hydroxy tetrahydrofuran	18.9	9.4	16.3
123. Iodo-benzene	19.5	6.0	6.1
124. Isoamyl acetate	15.3	3.1	7.0

溶媒	溶解パラメーター[MPa]$^{1/2}$		
	δ_D	δ_P	δ_h
125. Isoamyl alcohol	15.8	5.2	13.3
126. Isobutyl acetate	15.1	3.7	6.3
127. Isobutyl alcohol	15.1	5.7	15.9
128. Isobutyl isobutylene	15.1	2.9	5.9
129. Isooctyl alcohol	14.4	7.3	12.9
130. Isopropyl benzene	18.1	1.2	1.1
131. Lauryl methacrylate	14.4	2.2	5.1
132. Maleic anhydride	20.2	18.1	12.6
133. Methacrylamide	15.8	11.0	11.6
134. Methanol	15.1	12.3	22.3
135. 4-Methoxy acetophenone	18.9	11.2	7.0
136. 3-Methoxy butabol	15.3	5.4	13.6
137. o-Methoxyphenol	18.0	8.2	13.3
138. Methyl acrylate	15.3	6.7	9.4
139. Mthyl benzoate	18.9	8.2	4.7
140. Methyl butyl ketone	15.3	6.1	4.1
141. Methyl ethyl ketone	16.0	9.0	5.1
142. 2-Methylfuran	17.3	2.8	7.4
143. 1-Methyl imidazole	19.7	15.6	11.2
144. Methyl isoamyl ketone	16.0	5.7	4.1
145. Methyl isobutyl carbinol	15.4	3.3	12.3
146. Methyl isobutyl ketone	15.3	6.1	4.1
147. Methyl methacrylate	15.3	6.5	5.4
148. Methyl n-propyl ketone	16.0	7.6	4.7
149. N-Methyl pyrrolidone	17.0	2.8	6.9
150. 2-Methyl tetrahydrofuran	16.9	5.0	4.3
151. 2-Methyl-1-butanol	16.0	5.1	14.3
152. N-Methyl-2-pyrrolidopne	18.0	12.3	7.2
153. Dimethoxymethane	15.0	1.8	8.6
154. N-Methylaniline	19.5	6.0	11.5
155. Methylene dichloride	18.2	6.3	6.1
156. Morpholine	18.8	4.9	9.2
157. n-Nonane	15.7	0	0
158. Octadecane	16.4	0	0
159. Octyl acetate	15.8	2.9	5.1
160. Pentane	14.5	0	0
161. 1-Pentanol	15.9	5.9	13.9
162. Phenol	18.0	5.9	14.9
163. Piperazine	18.1	5.6	8.0
164. 1-Propanol	16.0	6.8	17.4
165. 2-Propanol	15.8	6.1	16.4
166. Propionitrile	15.3	14.3	5.5

溶媒	溶解パラメーター[MPa]$^{1/2}$		
	δ_D	δ_P	δ_h
167. Propyl amine	16.9	4.9	8.6
168. Propyl chloride	16.0	7.8	2.0
169. Propylene glycol	16.8	9.4	23.3
170. Propylene glycol monomethyl ether	15.6	6.3	11.6
171. Pyrazole	20.2	10.4	12.4
172. Pyridine	19.0	8.8	5.9
173. Pyrrole	19.2	7.4	6.7
174. Pyrrolidine	17.9	6.5	7.4
175. 2-Pyrrolidone	19.4	17.4	11.3
176. Quinoline	19.8	5.6	5.7
177. Styrene	18.6	1.0	4.1
178. 1,1,2,2-Tetrachloroethane	18.8	5.1	5.3
179. Tetrahydrofuran	16.8	5.7	8.0
180. Tetrahydronaphthalene	19.6	2.0	2.9
181. Tetrahydropyran	16.4	6.3	6.0
182. Tetramethylene sulfoxide	18.2	11.0	9.1
183. Thiophene	18.9	2.4	7.8
184. Toluene	18.0	1.4	2.0
185. 1,2,3-Triazole	20.7	8.8	15.0
186. 1,1,1-Trichloroethane	16.8	4.3	2.0
187. Trichloroethylene	18.0	3.1	5.3
188. Triethanolamine	17.3	22.4	23.3
189. Triethylamine	17.8	0.4	1.0
190. Triethylene glycol	16.0	12.5	18.6
191. Triethylphosphate	16.7	11.4	9.2
192. Trimethyl amine	14.6	3.4	1.8
193. Trimethylphosphate	126.7	15.9	10.2
194. 2-Vinyl toluene	18.6	1.0	3.8
195. Water	15.5	16.0	42.3
196. o-Xylene	17.8	1.0	3.1

*）以下の書籍から一部抜粋して掲載.

C. M. Hansen：Hansen Solubility Parameters, A User's Handbook, Second Edition, CRC Press, Boca Raton, London, New York, 2007

付録 4　Hansen による高分子の相互作用半径 (interaction radius) *)

商品名	材料	相互作用半径(R_0[MPa]$^{1/2}$)
	cellulose Acetate	
1. Cellidora A		7.40
	Epoxy	
2. Epikote 828		20.50
3. Epikote 1001		10.02
4. Epikote 1004		7.90
	Polyurethane	
5. Desmophen 651		9.50
6. Desmophen 850		16.78
7. Desmophen 1200		9.80
	phenolic resin	
8. Super beckacite 1001		19.85
9. Phenodur 373U		12.69
	styrene-butadiene (SBR)	
10. Polysar 5630		6.55
	Polybutadiene	
11. Buna huls B10		6.55
	Polyisoprene	
12. Cariflex IR 305		9.62
	Polyisobutylene	
13. Lutonal IC/1203		12.4
14. Lutanal I60		7.20
	Polyvinylchloride	
15. Vipla KR		3.00
	chlorinated polypropylene	
16. Parlon P10		10.64
	polyamides	
17. Versamid 930		9.62
18. Versamid 965		9.20
19. PA 12		6.30
20. PA 66		5.20
	polystyrene	
21. Polystyrene LG		12.68
	polyolefin	
22. High density polyethylene		2.00
23. Isotactic Polypropylene		6.00
	Polyacrylonitrile	
24. PAN		10.90

商品名	材料	相互作用半径(R_0[MPa]$^{1/2}$)
25. PSU Ultrason S	polysulfone	8.00
26. PMMA	polymethyl methacrylate	17.40

*) 以下の書籍から一部抜粋して掲載.
C. M. Hansen : Hansen Solubility Parameters, A User's Handbook, Second Edition, CRC Press, Boca Raton, London, New York, 2007

付録 5　高分子の体膨張係数

高分子	体積膨張係数（$\times 10^{-5}$/°C）
1. Polyamide（66）	24
2. Polyamide（6）	24
3. Polyamide（610）	30
4. Polyamide（12）	45
5. ABS resin	21
6. Polymethyl methacrylate	21-24
7. Polystyrene	21
8. Polypropylene（isotactic）	45
9. Polyethylene（HD, LLD）	60
10. Polyethylene（LD）	51
11. PEEK	15
12. Polyethylene sulfide	18
13. Polyvinylidene fluoride	36
14. Polybutylene terephthalate	21
15. Polyethylene terephthalate	21
16. Polycarbonate	21
17. Polyoxymethylene	27
18. Aromatic polyimide （Upilex-SGA）	4.2
19. Aromatic polyimide （Kapton H, V）	8.1
20. Polyether sulfone	16.5

付録6　高分子の密度*)

高分子			密度（g/cm³, 25°C）
1.	Poly（ethylene）	LDPE	0.92～0.93
2.		LLDPE	0.91～0.94
3.		HDPE	0.94～0.97
4.	Poly（propylene）	結晶化度　0%	0.85
5.		結晶化度　100%	0.95
6.	1,4-cis-Poly（butadiene）		1.01
7.	Poly（isoprene）		0.91～0.92
8.	Poly（chloroprene）（NEOPRENE）		1.23
9.	Poly（isobutylene）	結晶化度　0%	0.91
10.		結晶化度　100%	0.96
11.	Poly（ethylene terephthalate）	結晶化度　0%	1.34
12.		結晶化度　100%	1.51
13.	Poly（butylene terephthalate）		1.30～1.38
14.	Polyamide（NYLON 6）	結晶化度　0%	1.09
15.		結晶化度　100%	1.19
16.	Polyamide（NYLON 66）	結晶化度　0%	1.09
17.		結晶化度　100%	1.24
18.	Poly（tetrafluoro ethylene）		2.1～2.2
19.	Poly（vinylidene fluoride）		1.75～1.78
20.	Poly（acrylonitrile）		1.14～1.19
21.	Poly（vinyl chloride）		1.4
22.	Poly（vinyl acetate）		1.19
23.	Poly（methyl methacrylate）		1.19
24.	Poly（styrene）		1.04～1.06
25.	Poly（oxy methylene）		1.43
26.	Poly（carbonate）		1.20
27.	Poly（phenylene sulfide）		1.35
28.	Poly（ether sulfone）		1.37
29.	Polyimide（aromatic, UPILEX S）		1.47
30.	Cellulose		1.58～1.64

*) 数値は概略値.

付録７　主な元素の原子量

元素名	記号	原子量
水素	H	1.01
炭素	C	12.01
酸素	O	16.00
窒素	N	14.01
硫黄	S	32.07
リン	P	30.97
フッ素	F	19.00
塩素	Cl	35.45
臭素	Br	79.90
ヨウ素	I	129.90

索　　引

〈ア　行〉

〈カ　行〉

〈サ　行〉

〈著者紹介〉

小川　俊夫（おがわ　としお）

1940　年　千葉県市川市に誕生
1967　年　横浜国立大学大学院工学研究科修士課程修了
～1985 年　宇部興産株式会社枚方研究所勤務
（この間京都大学稲垣博教授の下で委託研究員，さらにミシガン分子研究所（米国）のH. Elias所長の下で重合とキャラクタリゼーションの研究（1978-1980年）に従事）
1985　年　金沢工業大学教授
専門分野　高分子材料学
主　　著　「工学技術者の高分子材料入門」共立出版，1993
「高分子材料化学」共立出版，2009
「うるしの科学」共立出版，2014
「プラスチックの表面処理」共立出版，2016
現　　在　金沢工業大学名誉教授，工学博士（京都大学，1976年）
マテリアルライフ学会理事
高分子学会フェロー
日本接着学会終身会員
日本分析化学会永年会員

溶媒選択と溶解パラメーター

2023年9月15日　初版1刷発行

検印廃止

著　者　小川俊夫　© 2023

発行者　南條光章

発行所　**共立出版株式会社**

〒112-0006　東京都文京区小日向4丁目6番19号
電話　03-3947-2511
振替　00110-2-57035
www.kyoritsu-pub.co.jp

印刷・製本：真興社
NDC 431.3／Printed in Japan

ISBN 978-4-320-14001-1